三农热点面对面丛书

农业防灾减灾面对面

杨霏云　朱玉洁　郑秋红
白月明　王建林　编著

中国农业出版社

图书在版编目（CIP）数据

农业防灾减灾面对面 / 杨霏云等编著. —北京：中国农业出版社，2011.7
（三农热点面对面丛书）
ISBN 978-7-109-15746-0

Ⅰ.①农… Ⅱ.①杨… Ⅲ.①农业-自然灾害-灾害防治 Ⅳ.①S42-44

中国版本图书馆 CIP 数据核字（2011）第 108046 号

中国农业出版社出版
（北京市朝阳区农展馆北路 2 号）
（邮政编码 100125）
责任编辑 舒 薇

中国农业出版社印刷厂印刷 新华书店北京发行所发行
2011 年 10 月第 1 版 2011 年 10 月北京第 1 次印刷

开本：850mm×1168mm 1/32 印张：6
字数：95 千字 印数：1～5 000 册
定价：13.00 元

出版说明

“三农”问题是党和国家工作的重中之重，在不同时期表现出不同的热点难点。围绕这些热点难点，自 2004 年以来，党中央连续发布了 8 个“三农”问题的一号文件，不断推动“三农”工作。

当前“三农”热点难点问题主要有：如何推进农业现代化，如何加快新农村建设，如何统筹城乡发展，如何发展现代农业，如何加快农村基础设施建设和公共服务，如何拓宽农民增收渠道，如何完善农村发展的体制机制以及农民工转移就业、农村生态安全、农产品质量安全，等等。这些问题是一个复杂的社会问题，解决“三农”问题需要社会各界的共同努力。中国农业出版社积极响应党中央和农业部号召，围绕中心、服务大局，立足“三农”发展现实需求，围绕“三农”热点难点问题，坚持“三贴近”原则，面向基层农业行政、科技推广、乡村干部和广大农民，组织专家撰写了《三农热点面对面丛书》。

本丛书紧密联系我国农业、农村形势的新变

化，重点围绕发展现代农业和推进社会主义新农村建设，对当前农民和农村干部普遍关注的党的强农惠农政策、农业生产、乡村管理、农民增收和社会保障以及新技术应用等热点难点问题，采用专家与读者面对面交流的形式，理论联系实际，进行深入浅出的回答，观点准确、说理透彻，文字生动、事例鲜活，图文并茂、通俗易懂，具有较强的针对性和说服力。在运作方式上，根据理论联系实际的要求，针对“三农”问题的阶段性特点，分期分批组织实施。丛书突出科学性、针对性、实用性，力求用新技术、新观点、新形式，达到“贴近农业实际、贴近农村生活、贴近农民群众”的要求。

本丛书是广大基层干部、农民和农业院校师生学习和了解理论和形势政策的重要辅助材料，也是社会各界了解“三农”问题的重要窗口。希望本丛书的出版对推动“三农”工作的开展和“三农”问题的研究提供有力的智力支持，也希望广大读者提出好的意见和建议，以便我们更好地改进工作，服务“三农”。

2011 年 6 月

CONTENTS 目录

第一章　农业防灾减灾与农业可持续发展 /1

一、农业灾害及农业气象灾害的概念及特点 /1

二、农业防灾减灾的意义及重要性 /3

■ 粮食安全与防灾减灾 /3

■ 社会主义新农村建设与防灾减灾 /5

■ 现代农业可持续发展与防灾减灾 /7

三、农业防灾减灾与体系建设 /8

(一) 防灾减灾概述 /8

■ 我国在农业防灾减灾方面做了哪些工作 /8

■ 我们建立了什么样的农业防灾减灾体系 /11

■ 我国目前农业防灾减灾现状和有待改进的薄弱环节是什么 /12

(二) 农业灾害监测预警评估 /16

■ 提高国家农业灾害监测预警评估能力建设应该做好哪些事情 /16

■ 气象部门应该怎样提高农业灾害监测预警能力 /18

■ 国家和地方气象部门发布哪些农业灾害预警信息？对农业防灾减灾有哪些作用 /20
（三）应急预案体系建设和应急处置 /22
■ 我国目前已经构建了什么样的全国应急预案体系，哪些是涉及农业方面的 /22
■ 如何理解《国家气象灾害应急预案》的作用 /24
■ 加强自然灾害应急处置能力建设应该具备哪些重要条件 /25
（四）自然灾害防御法制法规和防范能力建设 /27
■ 为什么要编制国家气象灾害防御规划（2009—2020年），规划提出了哪些目标 /27
■ 我国建立了什么样的气象灾害防御法规和标准体系 /28
■ 如何提高气象灾害综合防范能力 /30
（五）农业灾害调查和评估 /32
■ 为什么要进行农业灾害调查和评估，我国在灾害评估方面做了哪些工作 /32
■ 气象部门进行哪些灾害调查 /34
■ 灾情调查可以采取哪些途径 /35
（六）灾害风险管理能力建设 /37
■ 我们应该如何加强自然灾害风险管理能力建设 /37
■ 怎样才能提高对自然灾害的管理水平 /38
■ 农业灾害风险管理的主要内容和作用是什么 /40

（七）农业灾害救助体系 /41
- 我国应该如何构建和完善农业灾害救助体系 /41
- 我国气象防灾减灾组织领导体系的内容如何 /43

四、农业防灾减灾与农业保险 /45
- 农业保险是什么，我国为什么需要农业保险 /45
- 农业保险包括哪些内容 /46
- 农业保险的实施方式有哪些 /49
- 商业性农业保险与政策性农业保险有区别吗 /51
- 农业保险历史中的起起伏伏 /52
- 我国农业保险的新篇章 /54
- 我国农业保险的相关国家政策 /56

五、相关政策解读 /59
- 《中华人民共和国气象法》和《气象灾害防御条例》/59
- 《中华人民共和国防洪法》和《中华人民共和国防汛条例》/61
- 《中华人民共和国防震减灾法》/63
- 《中华人民共和国消防法》/65
- 《中华人民共和国抗旱条例》/67
- 《人工影响天气管理条例》/68
- 《国家粮食安全中长期规划纲要》/69

■《国家综合减灾“十一五”规划》/70

第二章 农业生产与防灾减灾 /72

一、农业生产与气象灾害防灾减灾 /72

（一）种植业生产气象灾害防御 /72

■ 我国主要粮食作物的类型及分布 /72
■ 我国水稻各产区的主要农业气象灾害 /76
■ 我国小麦各产区的主要农业气象灾害 /76
■ 我国玉米各产区的主要农业气象灾害 /77
■ 如何防御干旱对冬小麦生长发育和产量形成的影响 /78
■ 稻田怎样在洪涝后采取有效措施减轻危害 /81
■ 粮食作物在苗期受风雹灾害后如何补救 /82
■ 怎样减轻冻害对经济作物的影响 /83
■ 怎样减轻早霜冻对东北农作物的危害 /85
■ 怎样减轻高温逼熟对粮食作物的影响 /85
■ 怎样减轻暴雨洪涝对旱地经济作物的危害 /87
■ 我国设施农业的现状 /89
■ 我国设施农业气象灾害的特点是什么 /90
■ 怎么减轻大风、降温天气对北方大棚蔬菜生长的影响 /93
■ 怎样减轻连阴、雾天气对大棚作物的危害 /96

（二）畜牧业生产气象灾害防御 / 97
■ 我国畜牧业的现状 / 97
■ 我国畜牧业的气象灾害有哪些 / 99
■ 如何减轻高温天气对畜牧业生产的影响 / 102
■ 如何减轻洪涝对家禽养殖业的影响 / 103
■ 如何减轻牧区白灾的影响 / 105
■ 黑灾对牧业生产的影响 / 106
（三）渔业生产气象灾害防御 / 107
■ 我国渔业的现状 / 107
■ 渔业的气象灾害有哪些 / 108
■ 如何减轻越冬低温对水产养殖业的影响 / 110
■ 水产养殖中如何防止高温缺氧等原因造成的泛塘现象 / 112
■ 怎样减轻台风对渔业生产的影响 / 113
（四）林业生产气象灾害防御 / 116
■ 我国林业产业的现状 / 116
■ 我国林业气象灾害有哪些 / 117
■ 怎样防御林木、果树冻害 / 118
■ 怎么减轻林木日灼的危害 / 120
■ 森林火灾的发生条件是什么 / 122
二、农业生产与生物灾害防灾减灾 / 123
（一）农业生物灾害的概念及特点 / 123
■ 什么是农业生物灾害 / 123
■ 我国农业生物灾害有哪些特点 / 123
（二）农业病害及其防灾减灾 / 124
■ 我国常见的农业病害有哪些 / 124

■ 农业病害有什么危害 / 126
■ 怎样防治农业病害 / 126
（三）农业虫害及其防灾减灾 / 128
■ 我国常见的农业虫害及其危害有哪些 / 128
■ 怎样防治农业虫害 / 131
（四）农业鼠害及其防灾减灾 / 131
■ 鼠害有哪些危害 / 131
■ 怎样防治鼠害 / 132
（五）农田草害及其防灾减灾 / 133
■ 农田草害有哪些危害 / 133
■ 怎样防治农田草害 / 134
（六）动物疫病及其防灾减灾 / 135
■ 常见的动物疫病及其危害有哪些 / 135
■ 怎样防治动物疫病 / 137
（七）控制农业生物灾害的政府职能分析 / 138
■ 为什么要实施动植物检疫防疫 / 138
■ 为什么要进行农业生物灾害监测预警体系建设 / 138
■ 为何要组织农作物病虫害统防统治 / 140
■ 我国对于农药管理有哪些政策措施 / 141
三、农业生产与环境灾害防灾减灾 / 142
■ 农业生产中的环境灾害有哪些，对农业有哪些影响 / 142
■ 防御农业环境灾害主要应该做好哪些工作 / 144
■ 如何防御沙尘暴 / 145

■ 农业环境监测的目的和内容是什么 /148

第三章　农村生活与防灾减灾 /150

一、气象灾害与农村生活 /150

（一）暴雨洪水灾害及其防灾减灾 /150

■ 暴雨洪水对农村生活有哪些危害 /150

■ 农村如何进行暴雨洪水灾害防灾减灾 /151

（二）冰雹灾害及其防灾减灾 /153

■ 冰雹对农村生活有哪些危害 /153

■ 农村如何进行雹灾防灾减灾 /153

（三）雪灾及其防灾减灾 /154

■ 雪灾对农村生活有哪些危害 /154

■ 农村如何进行雪灾防灾减灾 /155

（四）雷电灾害及其防灾减灾 /156

■ 雷电对农村生活有哪些危害 /156

■ 农村如何进行雷电灾害防灾减灾 /156

（五）风灾及其防灾减灾 /159

■ 风灾对农村生活有哪些危害 /159

■ 农村如何进行风灾防灾减灾 /159

（六）农村高温灾害防灾减灾 /161

■ 高温对农村生活有哪些危害 /161

■ 农村如何进行高温灾害防灾减灾 /162

（七）农村寒害冻害防灾减灾 /163

■ 寒害冻害对农村生活有哪些危害 /163

■ 农村如何进行寒害冻害防灾减灾 /164

（八）农村雾灾防灾减灾 / 165
■ 雾灾对农村生活有哪些危害 / 165
■ 农村如何进行雾灾防灾减灾 / 165
二、地质灾害与农村生活 / 166
（一）地质灾害的类型及特点 / 166
■ 与农业有关的地质灾害有哪些 / 166
■ 我国地质灾害的发生有哪些特点 / 167
（二）地震灾害及其防灾减灾 / 168
■ 地震有哪些危害 / 168
■ 如何进行地震灾害防灾减灾 / 169
（三）泥石流灾害及其防灾减灾 / 171
■ 泥石流有哪些危害 / 171
■ 如何进行泥石流灾害防灾减灾 / 173
（四）崩塌灾害及其防灾减灾 / 174
■ 崩塌有哪些危害 / 174
■ 如何进行崩塌灾害防灾减灾 / 174
（五）滑坡灾害及其防灾减灾 / 176
■ 滑坡有何危害 / 176
■ 如何进行滑坡灾害防灾减灾 / 176
（六）我国重大自然灾害的全民救助机制 / 179
■ 为何说我国政府在重大自然灾害救助中发挥着主导作用 / 179
■ 我国重大自然灾害的全民救助机制现状如何 / 180

第一章　农业防灾减灾与农业可持续发展

一、农业灾害及农业气象灾害的概念及特点

农业灾害是基于农业承灾体的角度划分的一大类灾害。凡直接危害农业生物、农业设施、农业生产环境和影响农业生产的正常进行，进而影响人类的生存条件或经济利益的灾害，都属于农业灾害。

农业灾害与其他灾害的一个显著区别是以农业生产、农业生态系统为直接承灾体，人类则是间接和最终的承灾体。农业灾害分为农业自然灾害和农业人为灾害。农业自然灾害分为农业气象灾害、农业地质和土壤灾害、农业生物灾害等类型。

农业气象灾害是农业生产过程中能够对农业生物造成危害和农业经济带来损失的不利天气或气候条件的总称。由温度因子引起的有热害、冻害、霜冻、热带作物寒害和低温冷害；由水分因子引起的有旱灾、洪涝灾害、雪害和雹害；由风引起的有风害；由气象因子综合作用引起的有干热风、冷雨和冻涝害等。与气象的概念不同，农业气象灾害是结

合农业生产遭受灾害而言的，例如寒潮、倒春寒等，在气象上是一种天气气候现象或过程，不一定造成灾害。但当它们危及小麦、水稻等农作物时，即造成冻害、霜冻、春季低温冷害等农业气象灾害。

我国农业气象灾害的特点：

1. 灾害种类多　我国地域辽阔，境内山脉纵横，丘陵起伏，山地占全国总面积的2/3。地形复杂，气候多样，季风气候显著。冬夏季风使广大地区的水、热等条件在时空分布上既有长期的趋势变动，又有不同周期的波动变化，造成诸如旱涝、风、冻、雹、热害及低温冷害等等多种气象灾害在不同地域出现。由于我国地形复杂，世界高纬、中纬和低纬度，内陆和沿海各国发生的气象灾害，我国均有可能发生，我国农业气象灾害的种类之多，属世界少见。

2. 发生频率高，而且还在不断上升　由于季风气候的影响，我国各类农业气象灾害发生频次高、持续时间长。干旱、洪涝、低温、风雹等农业气象灾害几乎年年发生。如干旱灾害，我国平均每年发生较大范围的旱灾为7.5

次。旱灾一般持续数月。随着全球气候变暖，极端天气事件增加，灾害的发生频次又呈上升趋势。重、特大农业自然灾害由 1950 年的 10 年 2 遇发展到现在的 2 年 1 遇，甚至有每年发生的趋势。

3. 因灾损失重　农业是最易受天气气候影响的基础行业，农业气象灾害是影响我国农产品高产稳产的重要因素，大面积持续干旱、洪涝、连续高温或低温则会导致农牧业严重受损，这些我国当前最主要的农业气象灾害，对产量波动的直接影响可达18%左右。

二、农业防灾减灾的意义及重要性

■ 粮食安全与防灾减灾

粮食安全，是指能确保所有的人在任何时候既买得到又买得起他们所需的基本食品，这个概念有三个含义：一是要求确保生产足够数量的粮食；二是最大限度地稳定粮食供应；三是确保所有需要粮食的人都能获得粮食。2020 年，我国人口将增加到 16 亿，现在的粮食生产水平不足以满足 16 亿人人均粮食

400 千克的安全标准，粮食安全问题正迅速成为我国必须重视的重大问题。

我国是一个自然灾害频发的国家，农业生产面临的灾害种类繁多，包括旱灾、水灾、高温、低温等各种气象灾害，农业病虫害等生物灾害，地震、泥石流等地质灾害，工业污染等环境灾害。造成每年粮食作物受灾严重。据统计，1951—2006 年的 56 年间，我国每年平均农作物受灾面积每 10 年增加 7 000万亩* 以上，年均因灾损失粮食每 10 年增加 100 亿斤** 以上，年均农业经济损失每 10 年增加 200 亿元以上。水旱灾害是影响我国粮食生产的重要农业气象灾害，占到农业受灾面积的 80% 以上。随着气候变暖，极端气候事件发生频率增加，自然灾害更加成为引发粮食危机的重要因素之一。提高农业抗御气象灾害的能力、促进农业的减灾增收，对于保障粮食安全意义重大。

近些年，农业防灾减灾工作得到各级政府的广泛关注，防灾减灾体系得到不断完善和健全，对于降低自然灾害给农业生产带来的负面影响发挥了重要作用。针对农业气象灾害的防灾减灾，重大农业气象灾害的监测预警、影响评估工作的开展，气象

---

* 亩为非法定计量单位，1 亩＝667 米^2。

** 斤为非法定计量单位，1 斤＝500 克。

灾害预警与防范应对机制的建立，人工影响天气作业能力的建设等防灾减灾的措施，都对提高农业趋利避害的能力，促进农业的减灾增收起到了积极的作用。

■ 社会主义新农村建设与防灾减灾

社会主义新农村建设是指在社会主义制度下，按照新时代的要求，对农村进行经济、政治、文化和社会等方面的建设，最终实现把农村建设成为经济繁荣、设施完善、环境优美、文明和谐的社会主义新农村的目标。

2005 年 10 月，中国共产党十六届五中全会通过《“十一五”规划纲要建议》，提出要按照“生产发展、生活宽裕、乡风文明、村容整洁、管理民主”的要求，扎实推进社会主义新农村建设。

保障农村农民生命财产安全是建设社会主义新农村的基础，建设安全舒适的居住环境对气象防灾减灾有着迫切需求。在气候变化的背景下，极端天气、气候事件频繁，暴雨引发的山洪、泥石流等地质灾害常常造成一些村庄房屋掩埋和重大人员伤亡，强对流天气引发的雷击伤人事件屡见不鲜，越来越多的气象灾害给农村人民的居住和生活安全造成了重大的威胁。在村庄建设规划、新集镇建设等工作中，充分考虑暴雨洪涝、地质灾害、雷击隐患等因素的影响，关注气象灾害、地质灾害、农业环境灾害等的防灾减灾，进行自然灾害风险评估、工程建设气候论证和雷电防护工作，对于保障农民的居住环境安全意义重大。依靠气象科技提高对气象灾害的监测和预警预报能力，变被动防御为主动防御，对于保护人民生命财产安全具有重要作用。

生产发展、农民增收是新农村建设实现其他目标的物质基础。随着农业市场经济的繁荣，特色农业发展迅速，农业结构调整的力度加大，而农民针对新农业类型、农作物新品种的防灾减灾知识的储备和信息的及时获取意识明显滞后，针对农业结构调整以后的特色农业防灾减灾体系薄弱，农业气象灾害成为影响特色农业产值提高的重要制约因素。新农村建设中的农业生产对防灾减灾工作有更多更迫切的需求。围绕农业结构的调整，开展各种新农业类型和新品种的农业气候区划；围绕农业生产的气象保障，面向特色农作物开展有针对性的气象灾害的监测预警服务和防灾减灾适用技术的推广等等，对指导农民由“靠天吃饭”向“看天管理”，保障农村生产发展、实现农民增收有重要意义。

要积极开展农村气象灾害风险调查、区划和评估，开展对农村中小学校舍和民房设施建设的气象灾害风险评估以及雷电灾害防御等的工程性建设，推进面向农村巨灾保险的重大气象灾害风险评估，提高农村防范气象灾害风险的能力。要加强农村气象防灾减灾知识的科普宣传，通过多种形式普及农村气象防灾减灾知识，增强农民的防灾减灾意识和自救互救能力。

要提高农村气象灾害监测预警、农村气象灾害信息发布和农村气象灾害应急响应能力，最大限度地减少农村气象灾害带来的人员和财产损失。

面向农民，开展针对不同农事季节的农用天气预报，指导农民的农业生产活动由“靠天吃饭”向“看天管理”转变；要结合各地方的农业发展布局，发展适合“一乡一品、一县一业”的特色农业、设施农业等的专项气象服务；要适应农业生产方式的转变，发展建立面向农业种植大户、农业生产企业的新型气象服务模式。

■ 现代农业可持续发展与防灾减灾

农业可持续发展指在合理利用和保护自然资源、维护生态环境的同时，实行农业技术的革新，以满足并持续地满足当代人类及后代对农产品的需求。这种农业是一种能维护和合理利用土地、水和动植物资源，不会造成环境退化，同时在技术上适当可行、经济上有活力、能够被社会广泛接受的农业。

重大农业自然灾害既是生态环境恶化的成因，又是生态环境恶化的表现。自然灾害首先破坏了自然资源，进而损害了自然生态系统功能，有时甚至摧毁了自然生产力，极大地削弱了资源与环境的再生能力，造成生态环境的不可持续发展。加强农业自然灾害防灾减灾，是农村生态环境可持续发展的内在要求。

重大农业自然灾害的发生，还能直接或间接破坏社会资源。自然灾害常常给农业生产、农村能源生产和交通运输业造成影响和破坏，因破坏这些社会生产的资源与环境条件而极大危害社会生产，造成巨大的经济损失，有时甚至严重地摧毁社会生产力。重大自然灾害通过破坏各项社会生产使社会物质财富受到极大损失，使经济资本存量减少，导致经济持续性发展受到影响。加强农业自然灾害防治、保护农业经济生产力，是实现农村经济乃至整个国民经济健康、稳定、可持续发展的必然进程。

三、农业防灾减灾与体系建设

（一）防灾减灾概述

■ 我国在农业防灾减灾方面做了哪些工作

农业防灾减灾是一项复杂的系统工程，一直得到我国政府和有关部门的高度重视，为了更有效地防灾减灾，做了以下几个方面的工作。第一，不同领域、不同行业的科研、业务、教育培训和管理方面等有关人员，从不同角度对农业灾害进行了系统的研究，如，农业灾害的形成机理、形成条件、发展过程、时

知识点

农业保险种类和主要险种：农业保险是指专为农业生产者在从事种植业和养殖业生产过程中，对遭受自然灾害和意外事故所造成的经济损失提供保障的一种保险。农业保险按农业种类不同分为种植业保险、养殖业保险和林木保险；按危险性质分为自然灾害损失保险、疾病死亡保险、意外事故损失保险；按保险责任范围不同，可分为基本责任险、综合责任险和一切险。

我国的农业保险主要险种有：农产品保险，生猪保险，牲畜保险，奶牛保险，耕牛保险，山羊保险，养鱼保险，养鹿、养鸭、养鸡等保险，对虾、蚌珍珠等保险，家禽综合保险，水稻、蔬菜保险，稻麦场、森林火灾保险，烤烟种植、西瓜雹灾、香梨收获、小麦冻害、棉花种植、棉田地膜覆盖雹灾等保险，苹果、鸭梨、烤烟保险等等。

空分布规律、灾害之间的关联性、灾害的影响等，研究各类灾害指标、防治经济阈值，监测预测技术方法、灾害经济学以及如何合理分配、调动财力、资金和人力资源进行抗灾救灾。第二，建立了以政府为主导、多部门联合协作、社会团体和群众积极参与的防灾减灾指挥、组织和协调体系，使灾害监测预测、防御、防治、救援工作有组织、有秩序、有目标的进行。第三，建立健全和逐步完善了科学合理的各类防灾减灾规划、防御应急预案、灾后救助应急预案等，如，国家林业部门建立了有害生物灾害应急报告软件系统。做到无灾避灾、备灾，有灾抗灾，灾后救援，使防灾、减灾、救灾常抓不懈，有序进行。第四，建立了不同类型农业灾害监测预报和应急服务系统，包括国家级、省级、地市和县级农业灾害监测预报服务系统，如，气象部门建立了农业气象灾害监测预报评估系统、农业病虫害气象等级预报系统、草原蝗虫气象监测预报服务系统等。第五，建立了多渠道的信息传递和发布平台，发挥信息技术和先进设备的作用，确保农业灾害信息能够及时、准确的送达有关领导和群众。第六，建立了灾害防御响应和决策机制，随时做好抗灾救灾准备，如，国家林业部门建立了有害生物灾害应急报告软件系统。第七，储备了充足的防灾抗灾救灾物资，以及防灾抗灾高素质的人力资源，随时应对灾害的发生。第八，强化各级政府的应急组织和指挥能力，强化了防灾减灾行政管理制度的完善和落实，做到各种职责落实到位。在准确及时的灾害预报指导下积极采取避灾、防灾措施和灾后救助。第九，加强了气象防灾减灾知识的宣传和普及，让群众更好的认识农业灾害、了解农业灾害，提高公众对农业灾害的防灾、应急处理、自救互救的知识水平和积极参与防灾减灾行动的能力。第十，加强了农业基础设施建设，提高农业灾害的防御和抗灾能力。第十一，农业灾害是无国界的，因此，不断完善了农业灾害的跨省、跨地区的合作和协作机制，加强了与国际相关领域的合作，共同进行灾害理论研究、监测预报技术研究、抗灾、救援对策研究，共同完成抗灾减灾救灾这个全人类的共同使命。

■ 我们建立了什么样的农业防灾减灾体系

农业防灾减灾体系主要包括：第一，建立了农业灾害监测、预报、预警体系，开展农业气象灾害、生物灾害、环境灾害的监测、预测、预警服务，及时发布农业灾害信息，为防灾减灾提供依据，减轻灾害对农业生产的影响。第二，建立了农业灾害应急响应体系。如，制定了国家突发公共事件总体应急预案、国家气象灾害应急预案、突发农业气象灾害应急预案、突发重大动植物疫情应急预案、农业病虫灾应急防治预案、农业环境污染突发事件应急预案、农业重大有害外来生物入侵突发事件应急预案等各类农业灾害应急预案，建立应急响应体系，充分调动各种有效资源，以最快的速度、最集约化的方式进行灾害防御，将灾害影响减小到最低程度。第三，建立了农业灾害应急指挥机构、应急管理组织体系。强化应急预案实施，提高灾害应急处理能力，设立防灾减灾综合管理机构，提高防灾减灾指挥、决策、部门联动协作和综合应急管理水平。第四，建立了农业灾害防御体系，制定和完善农业灾害防御规划，将防灾减灾列为常规工作，变灾后被动救济为灾前主动防御。第五，建立了农业灾害评估体系。加强灾前预评估、灾中跟踪评估和灾后综合评估，为救灾决策和资金、物资的分配、发放及灾后救助提供依据。第六，建立和完善了农业保险体系，提高农民灾后恢复生产的自救能力，以政府为主导，不断推进农业保险工作，建立健全农业风险补偿机制，探索完善农业生产救济机制。提高农户的参保意识，增加农业保险品种，扩大农业保险规模，提高农业抵御自然灾害的能力。第七，建立了外来动、植物跟踪体系，提高科学防控外来生物灾害水平，有些省份还制定了农业重大有害外来生物入侵突发事件应急预案等。第八，建立了公众服务体系，提高社会公众防灾减灾的意识和能力。防灾减灾是一项系统工程，需要政府、各有关部门、社会公众通力协作配合，需要业务技术人员、决策管理人员和用户之间的协调配合才能完成这项工作。第九，建立了农业灾害普及教育体系。有关部门可利用科普宣传工具向社会公众进行宣传，普及农业防灾减灾知识，加强应急演练、科普宣传教育，建立由电视、电台、报纸和网络等媒体组成的科普宣传网络，增加对农业灾害的认识，提高农民防灾减灾意识和能力。

■我国目前农业防灾减灾现状和有待改进的薄弱环节是什么

相关法律法规

《中华人民共和国突发事件应对法》、《自然灾害救助条例》、《气象灾害防御条例》、《抗旱条例》

答：《国家综合防灾减灾“十二五”

规划》（征求意见稿）中提出了我国目前面临的综合防灾减灾（包括农业防灾减灾）的现状和存在的薄弱环节。

相关机构链接

（http://www.jianzai.gov.cn:9000/portal_space/main.view?siteId=4028815d280e9606012813d8058203a9）

国际减轻旱灾风险中心：根据国家减灾委员会与联合国国际减灾战略所确定的国际减轻旱灾风险中心的发展目标和任务，我们确定了本“中心”以下 5 个方面的职能：①加强国家间和地区间，尤其是强化与亚洲国家在减轻旱灾风险方面的合作，推动各国干旱减灾能力建设。②借助空间技术等手段，开展区域到全球的干旱风险监测与评估，逐步建立产品与服务体系。③加强数据库、知识库建设，建立国际减轻旱灾风险中心门户网站和信息交换与共享平台，逐步与各国相关机构及有关国际组织信息平台互联，形成网络，推动干旱减灾信息、技术、知识、经验的交流与服务。④组织和开展干旱减灾实用技术的收集与开发及相关培训、推广和示范等工作，开展区域和次区域减轻旱灾风险对策的研究、研讨和交流。⑤推动政府干旱管理水平和公众减灾意识提高，增强社区的干旱减灾能力；国际减轻旱灾风险中心将在中国国家减灾委员会和联合国国际减灾战略的领导下开展工作。具体的讲，国际减轻旱灾风险中心将实行理事会领导下的中心主任负责制，行政归口管理单位为国家减灾委办公室。

组织体系有理事会、技术委员会、常设机构和技术支撑单位（国际减轻旱灾风险中心）。

我国目前农业防灾减灾现状如下：①国家和地方防灾减灾管理体制机制不断完善，20多个省（自治区、直辖市、兵团）成立了减灾委员会或救灾综合协调机构。②修订、出台了有关法律法规，如，《中华人民共和国突发事件应对法》、《自然灾害救助条例》、《气象灾害防御条例》、《抗旱条例》等法律法规。③包括农业灾害在内的自然灾害立体监测预警体系基本形成。如，农业气象、水文、海洋、环境、农业、林业等灾害监测站网和预警预报系统进一步完善；建立了天气和自动气象观测系统；农林病虫害和森林草原火灾的监测预警能力进一步加强；小卫星星座A星、B星和风云三号A星、风云二号E星成功发射，初步建立了卫星减灾应用业务系统。④建立了台风、防汛抗旱等工程防御系统。⑤建立了自然灾害应急处置系统，确立了国家自然灾害四级响应制度，中央和地方救灾物资储备库体系进一步完善，在应对南方低温雨雪冰冻、西南特大干旱、甘肃舟曲特大山洪泥石流等一系列重特大自然灾害中发挥了重要作用。⑥成立了大批防灾减灾科研技术机构，建立了科技条件支撑平台。遥感、卫星导航与通信等技术得到广泛应用，这些在灾害机理研究、预警预报技术、重特大自然灾害应对与防范等方面起到重要支撑作用。⑦防灾减灾专业培训教育水平进一步提升，建立了结构合理的防灾减灾人才队伍。⑧防灾减灾社会动员能力和社会资源整合能力明显提高，军队、武警、公安消防、民兵预备役在历次防灾减灾中发挥骨干作用，企事业单位、社会团体、志愿者和群众也积极参与防灾减灾工作。⑨我国与联合国组织、国际或区域相关机构、各国政府以及一些非政府组织在防灾减灾领域建立了密切合作机制，与联合国国际减灾战略成立了“国际减轻旱灾风险中心”，在上海合作组织、东南亚国家联盟、中非合作论坛和中日韩等区域合作框架下，建立了关于防灾、减灾、救灾及培训等方面的合作机制和行动计划，防灾减灾国际合作与交流不断深化，我国政府积极向发生重大、特大自然灾害的国家提供国际援助，进一步扩大了国际影响。

我国防灾减灾工作仍然存在一些亟待加强的薄弱环节：①现有防灾减灾体制机制还不能完全适应形势发展的需要，有待完善。②重特大自然灾害风险防范能力有待提升。如，灾害监测站网密度、监测预警预报系统、预警预报精度、预警信息的传播手段和时效性、防灾减灾信息共享水平、工程措施、自然灾害保险的作用等仍有待提高。③城乡公共基础设施，如交通、通信、电力、供排水管网等基础设施防灾能力较低。④基层社区灾害应急预案需完善，社区自然灾害风险隐患排查、基层群众防灾减灾意识普遍偏低。⑤应急救灾物资和装备水平有待提高和补充。⑥跨学科、跨领域的综合研究薄弱，科技成果转化和推广应用程度不高，灾情信息管理有待完善，防灾减灾信息化和产业化水平还较低，防灾减灾科学研究的系统持续性投入还不足，上述原因导致目前的防灾减灾科技能力尚不完全足以有效支撑防灾减灾的科学决策。⑦防灾减灾有关标准和技术规范不够完备。⑧防灾减灾人才队伍建设和公众宣传教育仍需加强。公众防灾减灾知识需进一步普及，自救互救技能亟待提高，学校、社区、农村基层单位等防灾减灾宣传教育和培训体系需要完善。

（二）农业灾害监测预警评估

■提高国家农业灾害监测预警评估能力建设应该做好哪些事情

根据对《国家综合防灾减灾“十二五”规划》（征求意见稿）中有关国家自然灾害监测预警评估能力建设问题的学习和理解，加强国家农业灾害监测预警评估能力建设必须做好以下工作：

1. 建立和完善农业灾害监测网络体系　加强气象、水文、农业、海洋、森林草原等农业自然灾害的监测站网建设，完善各种农业灾情上报、统计核查系统，重视灾害发生地和县以下灾害监测设施建设，增加监测站网密度、优化监测站网功能和布局，提高农业灾害的监测水平。

2. 加强农业防灾减灾空间基础设施建设　完善环境与灾害监测预报小卫星星座、气象卫星、海洋卫星、资源卫星和航空遥感系统，提高农业自然灾害综合观测和高分辨率观测能力。充分利用国、内外各类卫星遥感资源，提高灾害立体监测能力和业务运行水平，建立健全国家综合防灾减灾空间信息应用与服务网络平台。

3. 提高农业自然灾害预警评估能力　建立健全自然灾害预警预报机制，完善灾害信息发布网络，增强农业自然灾害早期预警能力建设，使气象灾害预警业务更及时、更准确、更精细、更有针对性地开展。提高自然灾害信息分析水平及应用服务能力，快速、及时的发布灾害预警信息，不断提高灾害预警精度和准确率，提高滚

相关链接

http://weather.news.qq.com/a/20110511/000008.htm

“十二五”期间，气象防灾减灾工作将以科学发展观为指导，建立健全政府领导、部门联动、社会参与的气象灾害防御机制，充分发挥各部门、各地区、各行业的作用，综合运用科技、行政、法律等手段，着力加强气象灾害监测预警、预报服务、应对准备、应急处置工作，提高全社会防灾减灾意识，全面提高气象灾害防御能力，保障人民生命财产安全、经济发展和社会和谐稳定。

动预警精细化水平，强调区域特色行业特点，加强对农业自然灾害风险评估、应急评估、损失评估、社会影响评估、防灾减灾绩效评估能力，建立、完善重大和特大农业自然灾害综合评估机制，提高农业灾害评估的科学化、标准化和规范化水平，提高农业灾害评估工作的准确性和时效性，为防灾减灾决策提供依据。

■ 气象部门应该怎样提高农业灾害监测预警能力

气象灾害是农业灾害的重要部分，高农业灾害监测预警能力主要是要建立结构和布局合理、功能强大的灾害综合监测系统，建立灾害综合信息共享平台，发展精细化灾害预报业务服务平台，加强气象灾害预警信息的传递和发布。具体应该做好以下几个方面的工作：

1. 全面提升气象灾害的综合监测能力　这里，首先要从调整、完善、优化气象台站网分布和布局、扩充观测内容、增加台站密度、提高地面和高空自动化观测水平方面做工作，在重点监测区域加密布设新一代天气雷达，发展和完善遥感观测系统和专用飞机探测系统，要增强气象卫星观测能力以及雷达对降水的探测能力，构建对地气象灾害探测系统和空间天气灾害探测系统，要建成由地基、空基、天基观测系统组成的气象灾害立体观测网，实现对气象灾害全天候、高时空分辨率、高精度的综合立体连续监测，提升灾害性天气监测水平。同时，要建立和完善包括各类专业监测网在内的跨地区、跨部门的气象灾害综合监测网，全面提高气象灾害的综合监测能力和联合监测水平。

2. 完善气象灾害信息网络　充分利用国家已有的公共资源，建设和完善各部门间气象灾害信息实时快速交换网络和共享平台，实现全国气象灾害信息的高度共享。

3. 提高气象灾害预警能力　进一步做好灾害性、关键性、转折性重大天气监测和预警以及极端天气气候事件的预测，建立和完善气象灾害监测预警业务系统，提高预报的精细度、预警时效和准确率。加强部门合作，建立和完善气象灾害预警业务系统，建设各类专业气象服务平台，加强精细化预报能力建设，大力提高对国民经济各部门各行业的各类专业气象灾害的预警能力。加强数值预报业务系统建设，自主研发国际先进水平的精细化数值预报模式，为全面提高气象灾害预警能力提供科技支撑。

4. 加强气象灾害预警信息发布　建立和完善气象灾害预警信息发布系统，完善突发气象灾害预警信息发布制度，及时向公众发布气象灾害预警信息。综合运用多种手段、多种渠道使气象灾害预警信息及时有效传递给公众。加强覆盖城乡社区的立体化信息发布体系，扩大预警信息公众覆盖面。

■ **国家和地方气象部门发布哪些农业灾害预警信息？对农业防灾减灾有哪些作用**

依托气象现代化建设成果，借鉴学习国外先进经验，结合气象防灾减灾需求，我国气象部门已建立起较完整的气象灾害预警业务。2007 年 6 月公布的《气象灾害预警信号发布与传播办法》规范，加强了地方各级气象主管机构所属的气象台站气象灾害预警信号发布工作，2009 年 12 月 11 日国务院办公厅印发的《国家气象灾害应急预案》就气象灾害预警信息发布做出了详细规定。

在国家级气象灾害预警方面，中央气象台按照《国家气象灾害应急预案》标准，通过电视、网络等媒体发布台风、暴雨、暴雪、寒潮、海上大风、沙尘暴、低温、高温、干旱、霜冻、冰冻、大雾和霾等 13 种气象灾害预警。预警级别分为Ⅰ级（特别重大）、Ⅱ级（重大）、Ⅲ级（较大）、Ⅳ级（一般），分别用红、橙、黄、蓝四种颜色标示，Ⅰ级为最高级别。气象灾害预警信息内容包括气象灾害的类别、预警级别、起始时间、可能影响范围、警示事项、应采取的措施和发布机关等。中央气象台还负责发布渍涝风险、森林火险、草原火险等气象预报、警报，发布气象灾害（等级）强度、影响时间和区域、危害程度和应对建议。

相关法规

1 《国家气象灾害应急预案》

为建立健全气象灾害应急响应机制，做好新时期的气象防灾减灾工作，2009 年 12 月 11 日，国务院办公厅出台并印发了《国家气象灾害应急预案》（以下简称《预案》）。

作为国家专项应急预案之一，《预案》涵盖了从气象灾害预警、应急响应、应急处置到恢复重建的全过程，目的是建立健全气象灾害应急响应机制，提高气象灾害防范、处置能力，最大限度地减轻或者避免气象灾害造成的人员伤亡、财产损失，为经济和社会发展提供保障。

《预案》在气象灾害防御方面凸显三大特点，一是体现了政府主导的气象灾害防御体系，二是建立气象灾害防御的部门联动机制，三是充分发挥社会参与作用，强化了气象部门有关气象灾害预警信息发布的地位。

2 《气象灾害预警信号发布与传播办法》

为了规范气象灾害预警信号发布与传播，防御和减轻气象灾害，保护国家和人民生命财产安全，依据《中华人民共和国气象法》、《国家突发公共事件总体应急预案》，2007 年 6 月 11 日制定《气象灾害预警信号发布与传播办法》办法。

预警信号的级别依据气象灾害可能造成的危害程度、紧急程度和发展态势一般划分为四级：Ⅳ级（一般）、Ⅲ级（较重）、Ⅱ级（严重）、Ⅰ级（特别严重），依次用蓝色、黄色、橙色和红色表示，同时以中英文标识。本办法根据不同种类气象灾害的特征、预警能力等，确定不同种类气象灾害的预警信号级别。

我国各省（自治区、直辖市）气象台及地、县级气象台站每天制作发布天气和灾害天气预报，短时临近预报业务的建立已明显提高灾害性天气预警能力，部分省（自治区、直辖市）已经针对每个乡镇开展预报服务，同时依据《气象灾害预警信号发布与传播办法》，结合本地气象灾害特点，制作发布气象灾害预警信号。

各省级气象台发布的预警信号内容并不完全一致，针对全省范围发布预警信号或针对某些区域、县市发布预警信号。

有关领导和农业种植、畜牧养殖、水产养殖、捕鱼等部门和一线人员利用气象灾害的预警信息，迅速做出防灾、抗灾决策，可以有效地防御农业灾害的影响和威胁，降低灾害造成的损失。

（三）应急预案体系建设和应急处置

■ 我国目前已经构建了什么样的全国应急预案体系，哪些是涉及农业方面的

应急预案也叫应急计划，是针对可能的突发公共事件，为保证迅速、有序、有效地开展应急处置与救援行动、降低人员伤亡和经济损失而预先制定的特定计划或方案。我们国家的应急预案体系比较完善，有五个方面：一是国家的总体应急预案；二是国家专项应急预案；三是部门应急预案；四是地

方应急预案；五是企事业单位的应急预案。《国家气象灾害应急预案》属于第二类的国家专项应急预案。

我国国家级应急预案体系主要包括：国家突发公共事件总体应急预案，国家级专项预案、国务院部门预案、省级及地方政府制定的应急预案。其中，全国突发公共事件应急预案体系包括 6 个内容。第一是突发公共事件总体应急预案，是全国应急预案体系的总纲，是国务院应对特别重大突发公共事件的规范性文件。第二是突发公共事件专项应急预案，主要是国务院及其有关部门为应对某一类型或某几种类型突发公共事件而制定的应急预案。第三是突发公共事件部门应急预案，是国务院有关部门根据总体应急预案、专项应急预案和部门职责为应对突发公共事件制定的预案。第四是突发公共事件地方应急预案，包括省级人民政府的突发公共事件总体应急预案、专项应急预案和部门应急预案；各市（地）、县（市）人民政府及其基层政权组织的突发公共事件应急预案。上述预案在省级人民政府的领导下，按照分类管理、分级负责的原则，由地方人民政府及其有关部门分别制定。第五是企事业单位根据有关法律法规制定的应急预案。第六是举办大型会展和文化体育等重大活动，主办单位应当制订应急预案。

我国国家级应急预案体系中的各类应急预案都

涉及农业灾害，比如，“国家突发公共事件总体应急预案”根据突发公共事件的发生过程、性质和机理分为四类：自然灾害、事故灾难、公共卫生事件和社会安全事件。自然灾害中的水旱灾害、气象灾害、生物灾害和森林草原火灾等对农业都具有严重影响。自然灾害专项预案中国家防汛抗旱应急预案、国家气象灾害应急预案、国家森林火灾应急预案等也都对农业具有指导意义。国家防汛抗旱应急预案适用于全国范围内突发性水旱灾害的预防和应急处置。

■ 如何理解《国家气象灾害应急预案》的作用

为了建立健全气象灾害应急响应机制，提高气象灾害防范、处置能力，为经济和社会发展提供保障，国务院办公厅于 2009 年 12 月 11 日出台并印发了《国家气象灾害应急预案》。该预案涵盖了从气象灾害预警、应急响应、应急处置到恢复重建的全过程。①该预案规定了适用灾害，如台风、暴雨（雪）、寒潮、大风（沙尘暴）、低温、高温、干旱、雷电、冰雹、霜冻、冰冻、大雾、霾等气象灾害事件，并对气象灾害防范和应对的组织体系、监测预警、应急处置、恢复与重建、应急保障、预案管理等方面也进行了详细规定。②《国家气象灾害应急预案》明确了国家、地方应急指挥机制和作用，发生跨省级行政区域大范围的气象灾害，并造成较大危害时，由国务院决定启动相应的国家应急指挥机制，统一领导和指挥气象灾害及其次生、衍生灾害的应急处置工作；对上述各种灾害，地方各级人民政府要先期启动相应的应急指挥机制或建立应急指挥机制，启动相应级别的应急响应，组织做好应对工作。国务院有关部门进行指导。③该预案明确了政府气象灾害防御的主导作用，确定了地方政府建立气象灾害政府专项应急预案体系的重要任务，建立气象灾害防御的部门联动机制，首次以国务院规范文件形式明确了气象灾害从预警到响应部门联动的职责，充分发挥社会参与作用，强化了气象部门有关气象灾害预警信息发布的地位，对气象部门在监测预报、信息共享、灾害普查、预警信息发布、部门响应等工作中的作用给予明确，其他任何组织、个人不得制作和向社会发布气象灾害预警信息。④预案强调，各地区、各部门要认真研究气象灾害预报预警信息，组织力量深入分析、评估可能造成的影响和危害，做好启动应急响应的各项准备，并按气象灾害发生的程度和范围以及由此引发的次生、衍生灾害类别，按照职责和预案启动响应机制。

■ 加强自然灾害应急处置能力建设应该具备哪些重要条件

要有能够担负起自然灾害应急救援使命的高素

质的人才队伍、良好的救灾技术装备、充足的救灾物资和生活条件保障。具体如下：①加强救灾应急队伍建设，培育发展、组建由公安消防、武警、医疗卫生、交通保障等多专业人才组成的“一队多用、专兼结合、军民结合、平战结合”的综合应急救援队伍，并纳入国家应急救援力量体系，充分发挥人民解放军、武警官兵、公安民警、民兵预备役、国防动员相关专业保障队伍、红十字会和社会志愿力量等在灾害救援救助工作中的作用，有针对性地开展应急救援队伍培训和训练。②始终坚持“政府主导和社会参与相结合”的原则，建立健全救灾协同联动机制和社会动员机制，鼓励社会各界力量参与到防灾减灾中来。③加强救灾技术装备建设，研究制定各种救灾技术装备配备标准，加强应急通信装备、应急广播设施等各种技术装备研制。优先加强西部欠发达、灾害易发地区救灾应急设备装备、物资储备调运等方面的建设。④加强抗灾、救灾资金、物资应急保障能力建设，充分发挥社会资源在应急救灾物资保障中的作用，增加救灾物资储备数量和种类，扩大救灾物资储备库分布和覆盖范围，提高救灾物资调配、运输效率。⑤加强受灾群众生活保障体系建设，完善各地、各级灾害救助政策，最大程度的提高灾害救助质量和生活保障水平。

（四）自然灾害防御法律法规和防范能力建设

■ 为什么要编制国家气象灾害防御规划（2009—2020年），规划提出了哪些目标

我国是气象灾害最严重的国家之一，气象灾害造成的损失占所有自然灾害造成损失的70%以上，气象灾害已成为影响经济发展和社会安定的重要因素。2008年6月，胡锦涛总书记在“两院”院士大会的讲话中特别强调，“必须把自然灾害预测预报、防灾减灾工作作为关系经济社会发展全局的一项重大工作进一步抓紧抓好”。因此，做好《国家气象灾害防御规划（2009—2020年）》的编制工作，加强气象灾害防御，加快各级气象防灾减灾体系建设，强化防灾减灾能力和应对气候变化能力，已经成为一项十分紧迫的工作，对于构建社会主义和谐社会具有十分重要的意义。编制国家气象灾害防御规划（2009—2020年）要以科学发展观为指导，建立健全政府领导、部门联动、社会参与的气象灾害防御机制，充分发挥各部门、各地区、各行业的作用，综合运用科技、行政、法律等手段，着力加强气象灾害监测预警、预报服务、应对准备、应急处置工作，提高全社会防灾减灾意识，全面提高气象灾害防御能力，保障人民生命财产安全、经济发展和社会和谐稳定为指导思想。具体是：坚持以人为本，

趋利避害；坚持预防为主，防抗结合；坚持统筹规划，突出重点；坚持依法防灾，科学应对。

编制国家气象灾害防御规划（2009—2020年）提出的具体目标是：提高气象灾害监测、预警、评估及其信息发布能力，健全气象灾害防御方案，增强全社会气象灾害防御意识和知识水平，完善政府领导、部门联动、社会参与的气象灾害防御工作机制和功能齐全、科学高效、覆盖城乡的气象防灾减灾体系，建设一批对国计民生具有基础性、全局性和关键性作用的气象灾害防御工程，减轻各种气象灾害对经济社会发展的影响。到2020年末，气象灾害造成的人员伤亡率比“十一五”期间减少50%以上，气象灾害造成的经济损失占国内生产总值的比例降低50%。

■我国建立了什么样的气象灾害防御法规和标准体系

我国是自然灾害种类比较多的国家，建立了各种自然灾害的法律法规。如，制定了《气象法》、《防洪法》等法律和《人工影响天气管理条例》、《地质灾害防治条例》、《抗旱条例》等行政法规，对自然灾害防御起到了重要作用。然而，由于各种法规具有不同的特点，因此，灾害防御的组织管理、应急措施等不尽相同，不利于防灾减灾方案的建立和实施，因此，需要针对不同气象灾害发生、发展的

> **相关法律法规**
>
> 《气象法》
> 《防洪法》
> 《人工影响天气管理条例》
> 《地质灾害防治条例》
> 《抗旱条例》
> 《国家气象灾害应急预案》
> 《国家气象灾害防御规划(2009—2020)》
> 《气象灾害防御条例》
> 《国家综合防灾减灾规划“十二五”规划》
> 《中华人民共和国突发事件应对法》

特点，并结合实际工作需要，通过立法规范气象灾害的预防、监测、预报、预警和应急工作。近期，我国相继出台了《国家气象灾害应急预案》、《国家气象灾害防御规划（2009—2020）》以及《气象灾害防御条例》等一系列关于气象灾害防御的法规和规范性文件，充分表明了党和政府对气象灾害防御工作的高度重视。

《国家气象灾害应急预案》是由国务院办公厅下发的，属于国家专项应急预案，增加了气象灾害应急从部门动员到全社会动员机制。根据《国家气象灾害应急预案》，气象部门有责任根据气象灾害发生、发展的程度，发出预警信号，提醒各个部门、各个行业以及社会各方面开展响应行动。在此过程中，各级政府作为主要的组织者、承担者和主导者。与此同时，该预案也强化了部门联动、社会参与机制，有利于气象灾害应急工作的积极开展。由中国气象局和国家发展改革委员会联合印发的《国家气象灾害防御规划（2009—2020）》，是我国第一个由国务院批准的气象防灾减灾专项规划，也是政府依法加强领导、落实有关政策、协调各部门工作，动员社会力量开展气象灾害防御工作的重要政策性文件。《气象灾害防御条例》作为国务院行政法规，对于气象防灾减灾工作具有指导性，有助于各方力量融合，共同推动气象灾害防御工作。

■ 如何提高气象灾害综合防范能力

制定、完善、实施气象灾害防御方案，加强气象灾害防御组织领导、完善工作机制，建立健全防灾法规和技术标准，积极开展气象灾害防御科学普及和培训，建立以政府为主导、部门联动、社会参与、功能齐备、科学高效、覆盖城乡的气象灾害综合防御体系。提高气象灾害综合防范能力应该做到以下几点：

1. 应该制定切实可行的气象灾害防御方案　根据不同气象灾害的特点及其风险区划结果，针对各类不同的气象灾害提出和编制防御方案，明确提出政府行政管理体制、各部门的防御职责和联动机制、气象灾害防御重点布局、防御技术和工程措施等事项及其在灾害防御中的作用，建立、完善气象灾害防御组织指挥、领导体系和灾害应急组织体系。各有关部门要按照气象灾害防御方案的有关要求，编制气象灾害防御部门方案，进一步分解任务、明确目标、细化责任，使气象灾害防御工作有组织、有计划、有目标的开展。

2. 强化气象灾害防御方案的实施　完善气象灾害防御工作机制，全面落实气象灾害防御工作责任制。建立气象灾害防御综合效益评估机制，不断修订、补充和完善气象灾害防御方案，使其发挥最大效能。

3. 加强气象灾害防御法规和标准体系建设　建立内容完善、科学配套的气象灾害防御法律法规体系。如建立健全《气象灾害防御条例》、《气象灾害防御应急预案》、《气象灾害风险评估办法》等气象灾害防御法律法规体系，各地根据国家的气象灾害防御法律法规，制定相应的配套法规办法。加快推进以国家标准和行业标准为主体的气象灾害防御标准体系建设，根据气象灾害种类及其风险区划结果和完整、准确的气象数据，为制定或修订相关标准提供依据，增强气象灾害防御的科学性、规范化、标准化。

4. 加强气象灾害防御科普宣传教育工作体系建设　广泛开展全社会气象灾害防御知识的宣传，将气象灾害防御知识纳入国民教育体系，定期或不定期的组织气象灾害防御演练，提高全社会气象灾害防御知识水平和防灾能力。

（五）农业灾害调查和评估

■为什么要进行农业灾害调查和评估，我国在灾害评估方面做了哪些工作

农业灾害调查和评估是防灾减灾的重要环节。国家和相关部门以灾害定量评估为依据，有的放矢的采取措施，进行灾害风险转移，减少或控制灾害的发生，保证社会经济的可持续发展和国家的稳定。在灾害发生前，根据预报情况，提供气象灾害风险评估，为政府制定灾害应对防范措施提供决策依据；在灾害发生中，对灾害可能造成的影响进行初步评估，可以为应急响应措施提供最初的决策依据；灾害发生后，对灾害损失进行分类、分项、分区的抽样调查和统计，形成灾害损失评估报告，是决定救灾程度、制定灾后恢复建设总规划和总决策的重要依据。

灾害调查和评估具体有以下作用：一是灾前、灾中、灾后灾害致灾强度、灾害损失、防灾减灾能力等的定量评估和调查分析，可为政府部门和各行各业提供灾害信息，为政府制定灾害应对防范措施提供决策依据；二是灾害风险转移应用。根据风险评估和区划，进行作物种植布局优化调整，从源头上控制气象灾害的发生、防御和减轻对农业生产的损失；三是为制定气象灾害保险政策和保险费率提

供定量的技术依据。

近几十年以来，我国在调查和评估方面主要做了以下工作：

一是，研究了灾害发生机理、监测预测理论和技术，并提出研究计划，指导气象灾害监测、预报工作任务的实施。二是，建立了动态化、定量化、精细化的评估指标体系。如，原国家科委、国家计委、国家经贸委自然灾害综合研究组提出了灾害评估信息系统 4 级划分标准；研究人员提出以受灾人口数、受灾面积数、直接经济损失值等指标，作为灾害损失定量评估的绝对指标，建立了区域性灾害的灾度等级评估指标体系；民政部将灾害灾情划分为特大灾、大灾、中灾和小灾等。气象部门针对主要气象灾害以及诱发的次生灾害，构建主要气象灾害致灾因子评价指标体系。三是，建立了定性、定量和半定量的评估方法。定性方法如经验评估法、历史相似分析法、实地调查评估法、专家系统法等，用于孕灾环境、成灾过程、致灾因子、历史灾情、灾害的动态发展等问题的评估分析中；定量方法如经济计量、灰色系统、模糊评判等数学物理模型评估方法。用于研究灾害的形成机制、发生规律、时空分区、时空预测等。四是，建立了各类综合评估系统平台。随着遥感技术的不断发展，科研业务人员基于地理信息系统（GIS）初步建立了各类灾害评估子系统和集成系统，实现了从理论研究到实际应用的跨越。

■ **气象部门进行哪些灾害调查**

灾害调查是灾害评估的基础和前提，是防灾减灾不可缺少的重要环节。主要应调查气象灾害基本情况、气象灾害的社会经济影响、气象灾害预报服务、防灾减灾方面的主要内容。一是，要对气象灾害的基本情况进行调查。如，调查干旱、大风、冰雹、雪灾、冻雨、冻害、霜冻、低温冷害、沙尘暴、高温热浪、连阴雨、渍涝、干热风、凌汛、酸雨、气象地质灾害、作物病虫害、森林草原火灾、大气污染共28类灾害的灾情信息：灾害发生地名称、灾害类别、伴随灾害、灾害开始日期、灾害结束日期、气象要素实况、灾害影响描述等。二是对灾害临界气象条件的调查，寻找气象灾害的临界指标，不断建立和完善因地而异、因物而异的临界气象条件指标体系。三是对灾害预报服务情况进行调查。调查预报质量、服务产品表现内容和表现形式、预警信息发布情况及通过哪些服务手段进行了信息发布等。四是，进行公众气象服务、行业气象服务调查。以便全面了解气象灾害服务工作的需求、满意度和效果，进一步提高气象服务水平。五是，要进行防灾减灾能力的调查。气象防灾减灾能力调查可从以下几方面入手：防灾意识与防御能力的调查、灾害应急能力调查、承灾体抗灾能力调查等。防灾意识与防御能力的调查主要了解各级政府及相关部门已采取哪些渠道进行宣传气象防灾减灾知识宣传及收效如何。灾害应急能力调查主要了解灾害预防与应急准备能力、监测与预警能力、现场调查与处理能力、应急响应能力、应急保障能力、后期处置能力等如何。承灾体抗灾能力调查主要对灾害的承灾体包括人员、农作物、水利设施、通信交通设施、建筑物等进行抗灾能力的调查。

■ **灾情调查可以采取哪些途径**

1. 通过致灾气象条件调查分析，寻求相应灾害发生的临界条件　根据历史上气象灾害致灾因子强度（如气象要素的时间、空间分布及变化特点），结合灾害发生地区承载体的脆弱性分析，以及主要气象及次生灾害发生、发展的影响因子、致灾机理，得出相关指标，寻求相应灾害发生的临界条件等，建立各灾种致灾指标体系。

2. 通过气象台站记录，可检索到灾情发生的时间、强度等级及并预测该灾害性天气变化趋势，第一时间为决策部门制定防灾减灾措施时提供直接依据　到目前为止，我国已形成了比较完善的地面气象观测系统，该系统可分为地面常规观测系统、地基高空观测系统、地基特种观测系统、地基移动观测系统，另外为满足应急响应服务需要，建立了机动性强的移动观测系统。依托全国地面气象观测网系统和各气象台站气象数据，气象部门能迅速监测到灾情发生的时间、强度等级。

3. 通过实地考察，及时获得灾情　当出现灾情时，各级政府和气象部门都建立了规范的灾情调查上报制度，及时上报灾害灾情。

4. 通过卫星航空遥感监测分析，可以快速获取大范围的遥感数据，有助于迅速的对灾情作出评估　风云三号A星可实现全球、全天候、三维、定量、多光谱遥感监测，该卫星监测数据及反演产品自2008年12月31日起，便通过数据服务共享网和风云卫星数据广播系统向中国及周边用户区域分发高时效数据，广泛应用于灾害与环境监测等领域。

5. 通过相关行业部门的监测数据，结合气象局实时监测和灾害性天气趋势预报，初步判断灾情　国家气象灾害防御规划（2009—2020）针对重要江河流域提出，要建立跨地区、跨部门的流域洪涝干旱联防工作机制，并实现部门间信息共享。

6. 通过建立网站和电话热线和其他各种通讯设备收集灾情　为拓宽气象灾情收集渠道，充分发挥公众的强大力量，各级气象局部门已逐步通过网站和建立电话热线收集灾情，大大提高了灾情调查的时效性和针对性。

7. 基于3S技术进行灾害监测分析 依托遥感地理监测信息，建立不同功能的灾害预测模型及其相应的管理系统，集成并构建基于地理信息系统（GIS）的区域灾害监测分析平台，模拟灾害的发展过程和发展趋势，分析灾害程度及其造成的损失和影响，及时、准确、系统地了解灾害影响的范围及程度，向决策部门提供准确的灾害情报。

（六）灾害风险管理能力建设

■ 我们应该如何加强自然灾害风险管理能力建设

主要应该继续做好以下几个方面的工作：第一，要提高自然灾害综合风险管理水平、优化完善自然灾害风险管理和应急机制，建立完善灾害风险控制的技术体系，建立农业保险等自然灾害风险转移机制，确保使农业自然灾害风险降到最低或可以承受的范围内，充分发挥保险在灾害风险补偿中的作用，拓宽灾害风险

> **知识点**
>
> 风险管理的概念
>
> 风险管理又名危机管理，是一个管理过程，其中包括对风险的确定、量度、评估和发展应付风险的策略。目的是把可以避免的风险减至最小，成本及损失极小化。理想的风险管理，是一连串排好优先次序的过程，使当中的可以引致最大损失及最可能发生的事情优先处理，而相对风险较低的事情后处理。

转移渠道，完善财税、金融等方面的政策和具体配套措施，加强社会参与防灾减灾的管理，推动建立政府和社会协同的灾害风险分担机制。还应该采取切实可行的对策和策略应对和适应气候变化，全面、持久加强和提高自然灾害风险管理能力。第二，要积极开展全国自然灾害风险隐患与减灾能力调查，以县级为调查单位，摸清我国自然灾害风险和减灾能力情况，做到胸中有数。在此基础上，建立完善的自然灾害风险管理数据库，建立国家和区域综合灾害风险评价指标体系和技术体系，进行各类自然灾害风险评估方法研究，开展自然灾害综合风险评估示范工作。第三，要做好重大工程项目灾害风险评价工作。如，开展防灾减灾重大工程项目等自然灾害风险评价工作，建立重大项目综合风险评价制度，合理开发和利用农业自然资源，提高资源有效利用率，加强生态环境保护，建立人为因素破坏自然环境及人为环境破坏引发自然灾害的监管、防控机制。尽管我们在自然灾害风险管理能力建设方面做了很多工作，但这些远远不能满足国家和业务服务工作对自然灾害风险管理的需求，因此，还有更多工作需要我们去做。

■ 怎样才能提高对自然灾害的管理水平

灾害管理指政府、有关部门和社会集团为了更有效地防灾、减灾所进行的一系列立法、规划、组织、协调、干预和工程技术活动的总和，灾害管理是贯穿防灾减灾全过程的中枢。自然灾害具有可管理性，可以在顺应自然规律的前提下，通过科学的规划，发挥人的主观能动性作用，消除、削弱或回避灾害源，调节、控制或疏导灾害载体，保护、转移受灾体或提高受灾体的承灾能力，减少人为因素诱发的灾害源，最终达到减轻自然灾害损失的目的。为了提高对自然灾害的管理水平应该做好以下几点：第一，加强灾害管理法制建设，健全减灾规划管理制度。如，制定国家的减灾总体规划，制定各有关部门、各级政府的减灾规划；制定各级政府重大自然灾害的应急行动计划，用于指导重大灾害发生后做出紧急反应，协调行动，减轻灾害损失；制定灾害管理法制法规，加强执法队伍建设。第二，进一步加强灾害管理的组织机构建设。实行行政首长负责制，各有关部门分工协作，实行岗位责任制。第三，深入开展自然灾害管理的科学研究，开展全国自然灾害的风险分析，包括风险辨识、风险估算、风险评价等；开展自然灾害综合区划研究，根据不同灾种空间分布、影响范围、影响程度及风险度，结合考虑社会、经济发展水平上的差异而进行区划，制定区域性的减灾对策与实施政策，组织协调区域之间的减灾活动，对土地利用与经济发展布局进行合理调整；加强自然灾害损失调查与评估的研究，制定自然灾害评估方法和标准。第四，加强自然灾害信息处理技术研究与信息管理，加强国家、区域、部门之间灾害信息的交流与管理。第五，加强国际和区域合作、交流与协调。总之，通过上述工作的实施，达到健全灾害管理的法律、制度、规范及规划，增强灾害管理机制；促进灾害管理方式由部门、区域、学科分离的管理模式向综合、系统、协调式的管理方向发展；提高社会发展对减灾防灾需求的协调性的目标。

■ 农业灾害风险管理的主要内容和作用是什么

农业灾害风险管理指，在对生产中的灾害风险进行识别、预测、评估的基础上，对风险进行有效控制，妥善处理灾害风险所致的结果，以最小的成本达到最大的安全保障的过程。农业灾害风险管理的基本原则是以最小的成本达到最大的农业生产安全保障。

风险管理主要分为以下内容：第一是风险识别，它是风险管理的第一个环节，只有全面了解各种灾害风险，才能预测灾害可能造成的影响，并能选择处理风险的有效方法。第二是风险预测，主要对风险概率和强度进行预测，即对灾害风险的估算、评估，运用科学方法进行分析，风险预测可为选择适宜的风险处理方法提供依据。第三是风险处理方法的选择，怎样处理农业灾害风险呢？主要方法有以下几种：回避、预防、转移和自留。回避风险是指避免致灾体与承载体在时间和地理上叠加，主动避开损失发生的可能性，比如，知道某地是以干旱为主的地区，为了规避风险，宜选择耐旱作物，或不种、少种需水偏多的作物；再比如，预计某时段会出现低温，可以改变播种时间，使最怕低温的发育期错过这一低温时段等。尽管回避风险在理论上是可以的，但实际上也还是不容易做到的。预防风险就是通过采取防御技术措施来减少农业灾害损失的可能性和损失程度。转移风险就是通过保险等方式，把风险转嫁给具有一定承受能力的另一方。因此，保险是农业灾害风险转移的最佳途径之一。对于不能避、防、转的自留风险，只能采取抗灾措施。

（七）农业灾害救助体系

■ 我国应该如何构建和完善农业灾害救助体系

农业灾害日趋严重，成为阻碍经济发展和农民生活水平提高的限制因素之一。怎样构建一个农业灾害救助体系呢？主要涉及组织构架、行政职责、法律约束和监督管理等方面。具体内容如下：

1. 加强自然灾害救助的法制建设　应该进行全民救灾法制教育，建立灾害救助相关法规的执行与监督机构，建立国家和地方灾害救助机构，全面领导、组织、协调各个部门和区域的救灾工作的开展，做到制度保障法制化。

2. 建立科学合理的以政府为主导的农业灾害救助的组织管理体系　主要是政府的专门机构、公益性社会团体、受灾农民互助组织相结合的救助组织。政府专门机构包括中央和地方灾害救助组织机构和救灾指挥部、决策执行机构、救助中心等。要建立政府统一领导、分级管理、部门密切配合、分工协作；依靠群众、发挥基层群众组织的作用，并且，组织政府机构与军、警、公安、民兵预备人员以及志愿者积极参与的救助体系。

3. 要加大国家对自然灾害救助财政投入、增强自然灾害救助财政支出管制　财政投入是灾害救助最重要的救助资金来源，对财政支出的监管也是至关重要的。多方筹措资金，强化社会救灾，由保险公司、个人、社会多方分担损失。

4. 加强自然灾害救助教育　提高公众防灾、减灾、救灾意识。

5. 加强抗旱、抗洪、抗风等各类设施建设、完善减灾体系　增强综合抗灾能力。

同时，还要储备充足的救灾物资，建立发达的紧急救灾系统；大力发展防灾通讯网络建设，建设先进、高效的信息传递网；特别要重视灾害基础理论、技术方法和应用研究；重视精神文化救灾工作，使灾民在自然灾害面前感受到社会关爱，积极参与救灾和自救工作。

相关法律法规

《自然灾害救助条例》（简称《条例》）于 2010 年 6 月 30 日国务院第 117 次常务会议通过，自 2010 年 9 月 1 日起施行。□

《条例》规定，自然灾害救助工作遵循以人为本、政府主导、分级管理、社会互助、灾民自救的原则。自然灾害救助工作实行各级人民政府行政领导负责制。在“救助准备”中规定：县级以上地方人民政府及其有关部门应当根据有关法律、法规、规章，上级人民政府及其有关部门的应急预案以及本行政区域的自然灾害风险调查情况，制定相应的自然灾害救助应急预案。自然灾害救助应急预案应当包括下列内容：①自然灾害救助应急组织指挥体系及其职责；②自然灾害救助应急队伍；③自然灾害救助应急资金、物资、设备；④自然灾害的预警预报和灾情信息的报告、处理；⑤自然灾害救助应急响应的等级和相应措施；⑥灾后应急救助和居民住房恢复重建措施。并规定了应急救助和灾后救助的措施，以及法律责任。

■ 我国气象防灾减灾组织领导体系的内容如何

气象防灾减灾组织领导体系是整个气象防灾减灾组织体系的重要组成部分，对气象防灾减灾工作起着支配作用。只有实施高度集中的组织领导，才能确保气象防灾减灾任务的完成。因此，加强中央和地方各级政府对气象灾害防御工作的组织领导，建立健全高效率的气象防灾减灾组织指挥体系是非常重要的。气象防灾减灾组织领导体系主要有以下内容：

1. 构建中央气象防灾减灾组织指挥体系　在党中央、国务院统一领导下成立跨部门、跨领域的高层次气象防灾减灾综合指挥领导小组。

2. 构建地方气象防灾减灾组织指挥体系　建立健全省、地市、县三级气象灾害防御工作指挥机构，统一领导并指挥其管辖区域范畴的防灾减灾与救灾工作，制定地区性防灾成灾工作的指导方针和政策，研究地区性防灾减灾的长期规划与短期计划，建立各种气象灾害的防灾减灾体系，组织、协调、检查、督促防灾减灾工作。

3. 构建中央、地方资源气象防灾减灾资源共享平台　以各级气象部门为依托，以气象信息化工程建设为基础，建立全国性气象防灾减灾资源共享、信息交流的系统平台，构建气象防灾减灾信息速传速递机制。根据各地区气象灾害的不同特点，建立气象灾害抗救物资储备基地，构建气象灾害抗救物资跨区调配机制，实现气象防灾减灾工作的效益最大化。

4. 加强气象防灾减灾基础设施建设　统筹规划、分步实施气象灾害防御重大项目建设，强化基础设施建设。完善水利基础设施和防洪配套工程，增强抗御洪涝和干旱灾害的能力；营造沙漠防风林带；完善现代化气象服务网，加强气象服务系统建设，畅通灾害信息的传输渠道；对不同种类的气象灾害要建立不同的应急预案，将气象灾害损失降到最低限度；加强灾前检查，发现隐患和薄弱环节，立即组织整改，增强防灾减灾意识。

四、农业防灾减灾与农业保险

■农业保险是什么，我国为什么需要农业保险

我国是农业大国，农业在国民经济中的地位举足轻重。我国又是世界上自然灾害最严重的国家之一。据国务院发展研究中心的统计显示，我国自然灾害的成灾率通常在50%以上，其中农作物的受灾率经常达到30%以上，78.3%的农产品在近10年内遭受过巨大自然灾害。在国民经济的各个产业中，农业投入大、周期长，受经济条件以及个体生产方式的制约，农业抵御自然灾害风险的能力也极为脆弱。为应对威胁农业的各种灾难风险，将抵御风险和恢复生产所需费用尽可能地在相对较长的一段时间内分散到不同部门，农业保险应运而生。从其诞生之日起，农业保险就一直受到世界上许多国家的高度关注与重视，成为保证农业可持续发展的必要手段之一。

与其他类保险不同的是，农业保险是特指针对农业（包括种植业和养殖业）生产的保险业务，是

保险人组织农业生产经营者进行风险损失分摊，建立保险基金，对被保险人在种植业、养殖业生产过程中因自然灾害或者意外事故所造成的经济损失给予保险责任范围内的经济补偿的一种方式。

农业保险对农村经济社会的发展意义重大。很多地区通过农业保险改变了农民一次重灾即刻致贫的现状，稳定了农民的基本生活水平，也使农业发展摆脱了一年受灾害三年难翻身的局面，稳定了农业再生产能力。因此，农业保险是稳定农业生产经营的前提，也是加快农业产业化经营的重要途径。农业保险对农业经济发展的作用主要体现在其参与农业生产、防灾、销售等各环节的风险管理和灾后经济补偿管理上。通过农业保险的实施不仅有利于建立农村灾害保障体系，减轻国家的救灾和救济压力；还可以帮助农民迅速恢复生产和生活，有利于灾后社会管理和社会稳定；通过保险公司承保理赔的经营活动，可以加强政府对农业生产和农民生产活动的管理；通过农业保险的防灾防损管理工作，可以提升农业抗御自然灾害的能力。另外，通过利用农业保险这一市场化手段，可以使农民得到农业补贴政策的优惠。我国目前有7亿多人主要居住在农村，农民人口基数庞大，农村保险市场开发潜力巨大。

■ 农业保险包括哪些内容

农业保险涉及面广，种类繁多。按农业种类的不同，农业保险大致可以分为种植业保险、养殖业保险。

种植业保险目前主要针对农作物进行保险，它主要是以水稻、小麦、大豆、高粱、玉蜀黍、棉花、烟叶、茶、桑、麻、甘蔗、药材、烤烟、蔬菜等粮食作物和经济作物为承保对象。保险人负责对保险标的遭受保险责任范围内的自然灾害、意外事故和疾病造成的损失给予经济补偿的一种保险业务。在投保时支付一定的保险费后，对被保险人在作物生长和收获期遭受保险责任范围内的自然灾害所引起的损失给予补偿，因此种植业保险又分为生长期农作物保险和收获期农作物保险。养殖业保险主要以农民养殖的陆生动物或水生动物为主要对象的保险。在支付一定的保险费后，对被保险人在饲养期间遭受保险责任范围内的自然灾害、疾病等意外事故所引起的损失给予补偿。这是一种对养殖业风险进行科学管理的最好形式。

养殖业保险的主要险种包括：生猪保险，牲畜保险，奶牛保险，耕牛保险，山羊保险，养鱼保险，养鹿、养鸭、养鸡等保险，对虾、蚌珍珠等保险，家禽综合保险等。一般把养殖业保险分为畜禽养殖保险和水产养殖保险两大类。此外，在农业保险中还有针对不同的经济实体所营造的人工林和自然林为承保对象的林木保险，它主要是对洪涝、冰雹、暴风、冻害等自然灾害及火灾等意外事故所致林业的严重损失进行保险，其包括森林保险、经济林保险和苗圃保险等。

保险相关小知识

《保险具有分散风险、转移风险和损失补偿的职能。可以保险的风险（可保性）一般必须满足以下四个条件：①出现大量性质相似的风险；②损失发生具有意外性；③损失必须是可以确定或测定的；④保险费必须合理，费率不能过高。保险费用的多少完全取决于保险商对预期损失、损失发生频率和相应的管理运行费用的估计。保费则是完全根据一类具体事件历史上发生的记录和造成的损失计算得来的。保险公司为了能够可持续生存，其保费的收取在一段时间内必须大于它所赔付的总金额。

保险业务中有不同的主体，包括保险人、投保人、被保险人与受益人。保险人是事先制订保险合同、接受投保人的投保申请并提供相应服务的保险公司。投保人是指与保险人（即保险公司）订立保险合同，并按照保险合同承担支付保险费义务的人。投保人要求是成年人和有完全民事行为能力的人，未成年人或不具备民事行为能力的人不能做投保人。被保险人是指其财产或人身受保险合同保障、享有保险金请求权的人。人身保险合同中的被保险人是指以其生命或者身体为保险标的，所以被保险人只能是自然人，既可以是成人，也可以是儿童，但如果是儿童的话，须由其父母或监护人投保。受益人是指人身保险合同中由被保险人或者投保人指定的享有保险金请求权的人，即保险金的最终获取人。

■ 农业保险的实施方式有哪些

农业保险的实施方式大致包括农业自愿保险，农业强制保险以及自愿保险与强制保险相结合的方式三大类。

> **知识点**
>
> 农业风险是多种多样的，但并不是所有的农业风险都是可以保险的。可保风险是指那些能够利用保险的方法来分散、减轻或转移的风险。反之，则称为不可保风险。一般说来，农业可保风险应当具备如下几个基本条件：①农业风险的偶然性；②农业风险的可计算性；③农业风险必须是使大量标的有遭受损失和有较大损失的可能性；④风险的发生是纯粹损失而不是投机的；⑤投保人要有交费能力；⑥保险人要有承受能力。

农业自愿保险是指农业保险双方当事人自愿签订保险合同而形成的农业保险关系。在自愿保险的形式下，农民可以自由决定是否保险，自由选择投保的险种，决定投保金额，投保期限；保险公司也可以自由决定是否承保，确定承保金额。这种方式由农民朋友自由选择投保，容易被他们接受；农业自愿保险还可以推动保险公司提高服务质量，加强自身的经营管理。但是由于我国农村商品经济不发达，农民保险意识淡薄，缺乏参加农业保险的自觉行为，仅采取自愿方式，不利于农业保险基金的积累和分散风险，农业保险的作用难以发挥。因此，还需要其他实施方式的补充。

农业强制保险是指国家及地方政府或有关部门采取法律手段、经济手段和行政手段，强制农业保险的双方当事人实施的保险。以法律手段强制实施的保险，又称为法定保险。这种保险依据法律产生，具有法律效力，而不是以农业保险双方当事人的合同行为产生。凡是法定保险规定的范围，都必须参加保险，农业保险责任自动产生，农业保险双方当事人都没有选择的权利。除了以法律手段实施的强制保险外，还有采取行政手段和经济手段实施的强制保险。这种保险是按政府或有关部门的规定，在一定的范围和条件下强制实行的农业保险。这种保险的保险责任、保险金额、保险费的收取、保险期限等都按保险合同的规定执行，被保险人有一定的自主权，不参加不违法，但会因此丧失相应的权利。比如印度和菲律宾实行的农业生产贷款强制性农作物保险，贷款银行担心农民遭灾后无力偿还贷款，而利用经济手段强制农民参加保险，不参加此保险，就无权获取贷款。无论何种形式的强制保险，农业保险的双方当事人都没有选择的权利或选择的范围。农业强制保险的实施，从整体上有利于国家农业经济政策的实施，但由于其强制的方式不太容易被农民所接受，尤其是在农民经济支付能力有限的情况下，他们可能将保险费视为额外负担，会产生消极情绪。

农业自愿保险和强制保险都是各有利弊的。为要扬长避短，充分发挥不同优势将农业自愿保险与强制保险相结合的方式就应运而生。各地区可以根据国家的农村经济政策和自身经济发展状况、保险意识及需求状况，实施不同险种的实施方式。比如，前苏联对牲畜保险就采取了自愿保险和强制保险各占一定比例的方式，规定牲畜平均价值的40%作为保险金额，实行强制保险，在此基础上，还可以用自愿保险的方式再保牲畜平均价值的40%。

■ 商业性农业保险与政策性农业保险有区别吗

农业保险按其保险的手段分可以分为商业性农业保险和政策性农业保险。

商业性保险是指由商业性保险机构经营的，以市场（或商业）为目标，以盈利为目的的保险业务。目前商业性保险项目和产品主要包括某些单风险农作物保险（如农作物冰雹灾害保险、麦场稻场火灾保险、烤烟火灾保险等）、范围较小、价值较高的设施农业、精细农业的保险（如大棚蔬菜、花卉、温室瓜果等保险）、特种养殖保险（如养貂保险等）。

由于农业保险属于高风险、分散化的险种，经营主体无法自行消化其经营的亏损，再加上农业涉及国家战略安全，只能通过社会的公共部门——政府来提供低保费下的保险供给，这就是政策性保险。政策性农业保险通常指为实现特定的政策目标并在政府的干预下开展，在一定时期、一定范围内，国家为促进有关产业的发展而运用政策支持或财政补贴等手段对该领域的危险给予保护或扶持的一类特殊形态的保险业务。政策性农业保险所选择的保险的通常对国计民生具有重要战略意义，对农林牧渔民的生产和生活保障具有重要影响，保险风险广泛或巨大，按照商业经营规则无法由市场提供的。

政策性农业保险与商业性保险有着本质的区别：从保险目的上来看，政策性农业保险以实施贯彻政府政策为首要目标，有着明确的公共利益取向；而商业性保险是以赢利为目的，属于保险公司的个体行为；从保险形式上看，政策性农业保险既可采取强制性形式，也可采用自愿参保的方式；而商业性保险则表现为自愿和非强制性的特点。从保险费的赔偿设计上来看，政策性农业保险通常带有相对固定金额的特点；而商业性保险的保费设计具有对称的、非固定金额的特征。

■ 农业保险历史中的起起伏伏

中国农业保险的起步，可以追溯到新中国成立不久后中国人民保险公司借鉴前苏联农业保险模式进行农业保险的尝试，至今已有 60 多年的发展历史，几经起落，在困境中艰难地发展。

瞭望（美国的农业保险）

美国是农业生产非常发达的大国，农业生产效率很高，农产品的出口额在世界市场占有相当份额。美国的农业已全面实现了机械化、化学化、生物化和电脑化，因此对农业保险的要求也高。在私人公司多次试办农作物保险失败后，美国于1938年颁布《联邦农作物保险法》，从此揭开了由联邦政府开展农业保险的历史。在这些年的发展历程中，美国农业保险经历了试办、加速发展、政府出政策、政府与私营公司混合经营，到政府出政策完全由私营公司经营和代理四个阶段。经过多年的改革和发展，美国农作物保险业务范围不断扩大，保障水平和农业参与率不断提高，对稳定农业生产、提高国民福利水平起到重要作用。

农业保险的兴衰发展，与中国保险业大的背景息息相关。1958年10月西安财贸工作会议决定全面停办国内保险业务的同时，农业保险也难以幸免，经历了一段较长时间的沉寂。1980年国内保险业恢复后，农业保险也得以继续发展。但由于发展环境艰苦，缺乏相关的政策支持和体制配套，在以后的近20年中，除有2年实现微利外，其余18年均为亏损，平均综合赔付率达到120%，导致保险公司不得不退出这一领域，农业保险业务再度归于沉寂。到1988年农业保险业务收入只有2.3亿元，占中国人民保险公司总体业务收入的比例仅为0.6%。全国90%以上的农民没有农业保险，在自然风险面前利益无法得到保障。1989年以后，河南、河北、湖南、云南、吉林、新疆、河北、山东、上海等省、直辖市相继开展了以“政府组织推动、农民互助共济、保险公司经办、结余滚存留地方建立风险基金”为特点的农业保险试点。1993年，农业保险费收入增长到8.7亿元，各类险种最多达到400多个，保障面扩大，过高的经营成本得到有效控制，赔付率稳定在80%左右。

随着国有保险公司市场化改革的推进和农业生产组织形式的变化，农业保险业务的非盈利性越来越不能适应保险公司的盈利要求，之后的10年中我国农业保险的发展实际上一直处于萎缩之中。有关数据显示：1999年我国农业保险保费收入为6.3亿，占总保费收入的0.44%；2000年收入仅为4亿元，占总保费收入的0.24%，人保公司大面积停办了农业保险业务，基本撤销了各级公司农业保险机构。2001年继续缩减为3亿元只占总保费的0.14%。直到2004年后，在中央的大力支持下，我国农业保险才翻开新的历史篇章。

■ 我国农业保险的新篇章

从2004年开始，连续7个中央一号文件将农业保险列为促进农民增收、农业发展和农村稳定的重要内容，中国保监会开始实质性推进农业保险试点，专业性农业保险公司开始现身。

历史回顾

中国现代保险史上最早的自发保险组织

乌江耕牛保险会是中国现代保险史上最早由农民自发建立的相互保险组织之一，属于互助合作团体。1933年，上海银行与金陵大学农学院、农业试验所在安徽和县乌江镇农业实验区，配合农业贷款推行耕牛互助合作保险。其目的是为了保障农业实验区发放农业贷款的安全。保险的组织形式是由农民组成耕牛保险协会，以互助合作的方式自保。1934年至1935年仅有5个村成立了协会，入会会员61户，入保的耕牛63头，保额3 267元(法币)，入保时先收有充足的基金，缺乏赔偿能力，农民对保险认识不足而停办。

自2007年起，我国开始推行由中央财政支持的政策性农业保险，中央财政启动对部分种植业和养殖业保险产品提供保费补贴的试点，保险金额由中央财政、地方财政和农户共同承担，中国农业保险迎来了真正的快速发展期。2007年国家财政投入10亿元在四川、湖南、江苏、新疆、内蒙古、山东6个省（自治区）开展试点，投入11.5亿元试办能繁母猪保险；2008年试点省份增加为13个，财政投入增加到60.5亿元；2009年试点省份进一步扩大为19个，中央财政投入加大到80亿元。中央财政支持对农业保险发展的促进作用十分明显。2003年农业保险试点开始前的最后一年，农业保险保费收入和赔款支出分别为4.46亿元和3.45亿元；而到

2009年，中国农业保险保费收入已近134亿元，比2003年增长29倍，位居亚洲第一位，世界第二位，仅次于美国；农业保险赔款超过90亿，比2003年增长25倍。2007年以来，中央财政种植业保险保费补贴的区域，已经从最初的6省、自治区扩展到2009年底的17个省、自治区，加上新疆建设兵团和中央直属垦区，覆盖全国13个粮食主产区省份、前8大棉产量省份和前10大油产量省份；中央财政养殖业保险保费补贴的区域已覆盖中西部22个省（自治区、直辖市）以及新疆生产建设兵团和中央直属垦区；中央财政林业保险保费补贴的区域已有江西、福建和湖南三省。仅2007年至2009年，种植业保险承保面积从2.31亿亩增加到9.48亿亩；林木从0.28亿亩增加到2.86亿亩，牲畜从3.82亿头（羽、只）增加到6.79亿头（羽、只）；保险金额从1 126亿元增加到3 812亿元（其中，种植业保险金额从706亿元增加到3 118亿元）。2009年，保险覆盖的农民人数超过1.3亿人次，受益农户达到2 185.94万户（次）。

在中央的积极引导和各级政府的有力支持下，中国农业保险一举扭转颓势，出现了蓬勃发展的新局面，翻开了历史的新篇章。

■ 我国农业保险的相关国家政策

近年来党中央、国务院始终把解决“三农”问题作为全部工作重中之重，对农业保险发展也非常重视，连续多次将发展农业保险作为中央一号文件的重要内容。

历史回顾

中国第一家专业性股份制农业保险公司

2004年9月17日，经中国保监会批准，中国第一家专业性股份制农业保险公司——上海安信农业保险股份有限公司正式成立。这标志着我国第一家专业农业保险公司的诞生，也意味着新一轮农业保险经营机制改革已经启动。

2004年，《中共中央国务院关于促进农民增加收入若干政策的意见》指出，“加快建立政策性农业保险制度，可选择部分产品和部分地区率先试点，有条件的地方可对参加种养业保险的农户给予一定的保费补贴”；2005年，中央一号文件提出“扩大农业政策性保险的试点范围，鼓励商业性保险机构开展农业保险业务”；2006年，国务院又颁布了《关于保险业改革发展的若干意见》（国发2006年23号），多次对农业保险的发展提出明确要求，要求在全国各地认真总结试点经验，探索建立适合我国国情的农业保险发展模式，将农业保险作为支农方式的创新，纳入农业支持保护体系。2007年中央一号文件提出，积极发展农业保险，按照政府引导、政策支持、市场运作、农民自愿的原则，建立完善农业保险体系。扩大农业政策性保险试点范围，各级财政对农户参加农业保险给予保费补贴，完善农业巨灾风险转移分摊机制，探索建立中央、地方财政支持的农业再保险体系。鼓励龙头企业、中介组织帮助农户参加农业保险。2008年中央一号文件中明确提出要“完善政策性农业保险经营机制和发展模式”。中央财政支持的政策性农业保险试点由6省、自治区扩展到16省、自治区和新疆生产建设兵团，农业保险得到极大促进。2009年中央一号文件又提出，要进一步加快发展政策性农业保险，扩大试点范围、增加险种，加大中央财政对中西部地区保费补贴力度，加快建立农业再保险体系和财政支持的巨灾风险分散机制，鼓励在农村发展互助合作保险和商业保险业务。2010年中央一号文件再次强调，“积极扩大农业保险保费补贴的品种和区域覆盖范围，加大中央财政对中西部地区保费补贴力度。鼓励各地对特色农业、农房等保险进行保费补贴。发展农村小额保险。健全农业再保险体系，建立财政支持的巨灾风险分散机制。”

七个“一号文件”的连续出台，对农业保险的发展提出明确要求，为我国农业保险的发展奠定了坚实的基础。可以看到，近年来我国政府高度重视农业保险发展，这为农业保险的发展完善创造了良好的政策环境。

五、相关政策解读

■《中华人民共和国气象法》和《气象灾害防御条例》

我国是世界上气象灾害最严重的国家之一，气象灾害损失占所有自然灾害总损失的70%以上。气象灾害种类多、分布地域广、发生频率高、造成损失重。在全球气候持续变暖的大背景下，各类极端天气气候事件更加频繁，气象灾害造成的损失和影响不断加重。防御气象灾害已经成为国家公共安全的重要组成部分，成为政府履行社会管理和公共服务职能的重要体现，是国家重要的基础性公益事业。暴雨、台风、寒潮、冰雹、雷电、大雾等各种气象灾害以及可能引发的森林、草原火灾和农业病虫害等能够造成直接的农业生产损失。因此在农业防灾减灾中，气象灾害的预报与防治工作极为重要。

目前国家出台的气象灾害相关法律法规主要有：《中华人民共和国气象法》（以下简称《气象法》）、《气象灾害防御条例》（以下简称《条例》）、《国家气象灾害防御规划（2009—2020年）》（以下简称《规划》）。

农村历来是气象灾害防御的薄弱区，农村、农业、农民深受气象灾害之苦。《气象法》中针对农业生产需要，将包括病虫害预报、农业气象灾害预报

知识点

农业防灾减灾相关政策

为了保障农业防灾减灾事业的顺利发展，建立减灾法律法规体系，有关灾害管理的法律法规和规划等政策类文件陆续出台。目前，涉及农业防灾减灾的法律法规主要有：《中华人民共和国气象法》和《气象灾害防御条例》、《中华人民共和国防洪法》和《中华人民共和国防汛条例》、《中华人民共和国消防法》、《中华人民共和国防震减灾法》、《中华人民共和国抗旱条例》、《人工影响天气管理条例》、《国家粮食安全中长期规划纲要》、《国家综合减灾“十一五”规划》等。

相关链接

气象灾害主要法律法规

《中华人民共和国气象法》、《国家气象灾害防御条例》、《国家气象灾害防御规划》

和农用天气预报在内的农业气象预报进行了规范，这对防汛、抗旱等起到了参谋作用，有效地服务了农业生产。《气象法》将加强气象灾害监测、预警系统建设作为县级以上人民政府的一项主要责任和义务，规定县级以上人民政府应当组织有关部门编制气象灾害防御规划，规划的内容要因时因地制宜，因为它是各级人民政府统一部署和一定时期内气象防灾减灾工作的指导性文件。

《条例》的一大特色就是在农村气象灾害防御方

面着墨较多，力度也很大。《条例》要求各级部门加强农村气象灾害预防、监测、信息传播等基础设施建设，并将气象灾害监测的重点确定为农业主产区、森林、草原、渔场等区域；乡（镇）政府应明确安排人员协助政府开展气象灾害防御知识宣传、应急联络、信息传递、灾害报告和灾情调查等工作。及时准确的监测、预报和预警，做好气象灾害防御与应急处置，是做好气象灾害防御工作的重要保障，《条例》针对气象灾害防御与应急处置方面，分别都有规定。在气象灾害预防方面，《条例》做了三点规范：一是加强气象灾害防御知识的宣传；二是明确气象灾害防御规划的编制程序、内容和效力，规范气象灾害应急预案的制定程序和内容；三是规范不同种类气象灾害的防御措施。在积极有效的应急处置方面，《条例》作了以下规定：一是规范气象灾害应急预案的启动、解除；二是规范地方人民政府应当采取的应急措施；三是规范各有关部门在应急处置中的职责。规定气象灾害发生后，各有关部门应当按照各自的职责做好气象灾害跟踪监测、救灾物资供应和灾民安置、医疗救护和卫生防疫、公用设施运行保障、社会治安维护、农业抗灾指导、水量调度等工作。

■《中华人民共和国防洪法》和《中华人民共和国防汛条例》

为了防治洪水，防御、减轻洪涝灾害，维护人民的生命和财产安全，保障社会主义现代化建设顺利进行；为了最大限度地保护人民生命和全社会财富的安全，将洪涝灾害所造成的损失降低到最小。我国制定了《中华人民共和国防洪法》（以下简称《防洪法》）和《中华人民共和国防汛条例》（以下简称《防汛条例》）。

根据我国社会经济的发展状况，防洪规划必须实行确保重点的原则，《防洪法》中指出有能力的地区在编制防洪规划时要对受洪水威胁的国家重要的农业生产基地进行重点保护，建设必要的防洪工程设施。风暴潮发生时，会造成海水水位的急剧上涨，最高时可超出正常水位 3 米以上，造成对沿海农田设施的损毁，由此而形成的大量降雨往往引发洪水，此种自然灾害对农业生产危害严重，损失也是巨大的。因此，《防洪法》中指出，沿海地区县级以上地方人民政府有义务做好防御风暴潮的工作，这一规定对沿海农村区域的灾害防御工作有重要的意义。平原、洼地、水网圩区、山谷、盆地等地区由于其地势的原因，遇到连续降雨天气，排水不利，常易发生涝灾。涝灾如不重视也会给人民的生命财产造成损失，在农村危害农作物的正常生长及人民群众的正常生活。因此，《防洪法》要求上述地区的有关地方人民政府应当将防涝工作纳入规划，完善排水系统，综合治理涝灾。另外，《防洪法》就农村居民在防洪投入方面的义务作了明确的规定，具体是安排农村义务工和劳动积累工用于防洪工程设施的建设和维护，这一规定使农田水利抗灾兴利能力逐年提高，对农业的发展、农民致富和农村的稳定做出了重要贡献。

《防汛条例》中指出，在汛期，农林部门的水文站、雨量站必须及时准确地向各级防汛指挥部提供实时水文信息，同时，在发生洪水灾害的地区，农业部门应当做好抢险救灾物资的供应和运输。自1991年以来，我国诸多流域都先后发生了大洪水，在防汛抗洪的过程中，各级政府、各部门和广大干部群众遵从《防洪法》和《防汛条例》，将洪涝灾害损失减少到了最低限度。

■《中华人民共和国防震减灾法》

2008年5月12日发生的汶川特大地震反映出了农村防震减灾工作遇到的很多问题，如农村村民住宅和乡村公共设施基本处于不设防状态，地震灾害损失的潜在风险增大。事实上，我国在1997年12月29日八届全国人大常委会第二十九次会议通过了《中华人民共和国防震减灾法》（以下简称《防震减灾法》），明确了防震减灾工作实行预防为主、防御与救助相结合的方针，并对地震监测预报、地震灾害预防、地震应急三大工作体系作了规定。

随着经济社会的发展，相同单位国土面积上的经济总量越来越大，人口密度越来越高，现行《防震减灾法》的一些规定已不能适应形势变化的需要。为了适应减灾形势变化的需要，2009 年 5 月 1 日修订后的《防震减灾法》已经正式实施，在总结了防震减灾工作经验的基础上，首次对加强农村村民住宅和乡村公共设施建筑的抗震设防明确提出要求：组织开展农村实用抗震技术的研究和开发，推广达到抗震设防要求、经济适用、具有地方特色的建筑设计和施工技术，建设示范工程。同时，在乡村抗震设施建设上，《防震减灾法》规定国家应给予必要支持。这些规定对提高农村村民住宅和乡村公共设施的抗震设防能力具有积极的作用。在提高建筑工程的抗震设防标准的同时，乡、镇人民政府应开展地震应急知识的宣传普及活动和地震应急救援演练，以提高公民在地震灾害中自救互救的能力。

《防震减灾法》中明确指出地震观测环境保护范围的规定应纳入城乡规划中，而且城乡规划应当根据地震应急避难的需要，合理确定应急疏散通道和应急避难场所，统筹安排地震应急避难所必需的交通、供水、供电、排污等基础设施建设。

依据《防震减灾法》规定的职能，各级地震工作部门完善公共产品、推进公共服务，服务领域越来越广、服务质量越来越高。其中之一就是为农村发展服务。启动了农村民居地震安全工程，编制体现民俗民情、经济适用、科学合理的设计图纸，开展农民工匠培训，免费为广大农民建房提供服务。新疆、云南已经全面展开，全国已经建成示范区3 000多个，200多万户农村群众住上了抗震新居。

对乡村地震灾后的重建恢复工作，地震灾区的县以上人民政府及其相关部门，应及时组织修复毁损农业生产设施，提供农业等技术指导。《防震减灾法》明确指出灾后重建应当尊重农民意愿，以村民自组织、自救为主，结合政府补助、社会帮扶和对口支援，保证土地的合理利用并达到保护耕地的目的。

■ **《中华人民共和国消防法》**

近年来农村地区火灾事故呈增多之势，大的火灾时有发生，消防安全形势非常严峻，火灾起数、损失和人员伤亡居高不下，农村消防安全问题突出。主要原因，一是农村地区消防基础设施建设滞后；二是消防安全机制不健全；三是消防力量不足，群众安全意识淡薄等。为了预防和减少火灾灾害，维护消防安全，维护公共安全，本着以人为本的原则，《中华人民共和国消防法》（以下简称《消防法》）已由中华人民共和国第十一届全国人民代表大会常务委员会第五次会议于2008年10月28日修订通过，自2009年5月1日起施行。

修订后的《消防法》从消防工作全局出发，适应建设社会主义新农村、构建和谐社会的要求，对农村消防工作专门做出具体规定，明确了地方各级人民政府应当加强对农村消防工作的领导，采取措施加强公共消防设施建设，组织建立和督促落实消防安全责任制，同时，在农作物收获期间，地方各级人民政府应当组织开展有针对性的消防安全的宣传教育，采取防火措施，进行消防安全检查，这对保护农业收获成果起到了重要作用。《消防法》对村民委员会和居民委员如何做好消防安全工作提出了要求，主要包括：开展群众性的消防工作，组织制定防火安全公约、做到责任落户，进行消防安全检查。为使村委员会、居委员会作好消防安全工作，法律条文进一步规定乡镇人民政府、城市街道办事处对于以上基层组织的消防工作应当予以指导和监督。

另外，《消防法》中特别的将“城市规划”修改为“城乡规划”，规定“地方各级人民政府应当将包括消防安全布局、消防站、消防供水、消防通信、消防车通道、消防装备等内容的消防规划纳入城乡规划，并负责组织实施。城乡消防安全布局不符合消防安全要求的，应当调整、完善；公共消防设施、消防装备不足或者不适应实际需要的，应当增建、改建、配置或者进行技术改造”。一字之变，“城”、“乡”并重，体现了我国对农村消防工作的高度重视。

■《中华人民共和国抗旱条例》

旱灾是我国的主要自然灾害之一，会对农业生产的用水造成极大的影响。近几年，伴随气候变化，我国干旱缺水问题日益突出，旱灾频发，因此造成的社会经济损失越来越大，抗旱减灾压力也愈演愈烈。但是，当前的抗旱减灾工作存在许多体制、机制方面的问题，例如抗旱组织机构不健全、抗旱投入无保障、抗旱意识淡薄等，这些问题严重影响到了农业抗旱减灾工作的顺利开展。综上所述，迫切需要通过立法，完善抗旱管理体系，以法制化方式做好农业抗旱中各项工作，从而提高依法抗旱的能力和水平。2009 年 2 月《中华人民共和国抗旱条例》（以下简称《抗旱条例》）正式通过并公布实施。

当干旱发生的时候与农业生产的关键时刻重合时，干旱对农业生产领域的影响将会极为突出。针对当前农业抗旱中暴露的问题，《抗旱条例》对农田水利基础设施的维护和管理做了如下规定：一是加强农田水利基础设施的建设、维修和管理；二是推广农田节水技术，合理调整农业种植结构。除此之外，《抗旱条例》还分别确立了一系列制度，主要包括抗旱规划制度、抗旱预案制度、紧急抗旱物资设备征用制度、抗旱信息报送制度、抗旱信息发布制度。

灾后恢复是抗旱减灾、恢复生产生活秩序的重要环节。条例对此作了以下规定：一是旱情缓解后，各级人民政府、有关主管部门应当帮助受灾群众恢复生产和灾后自救；防汛抗旱指挥机构应当及时组织有关部门对干旱灾害影响、损失情况以及抗旱工作效果进行分析和评估。二是旱情缓解后，水利部门应当对水利工程进行检查评估，并及时组织修复遭受干旱灾害损坏的水利工程；有关主管部门应当将遭受干旱灾害损坏的水利工程优先列入年度修复建设计划。

《抗旱条例》的出台体现了国家政府对农业抗旱减灾工作的高度重视，切实贯彻落实条例各项要求，加快构建与我国农业生产发展相适应的抗旱减灾体系，为保障农民饮水安全和全国粮食安全有重要的意义。另外，对进一步加大农田水利的建设的投入也是有积极作用的，这在农业抗旱工作中树立了一个里程碑。

■ **《人工影响天气管理条例》**

我国是一个农业大国，农业生产一直遭受干旱、冰雹、霜冻等气象灾害的威胁。伴随现代化技术水平的提高，增雨（雪）、防雹、消雾、防霜等人工影响天气作业在农业防灾减灾方面日益发挥着越来越大的作用。为了使得人工影响天气业务这一有效的科技手段在农业丰收中的协调机制健全化，《人工影响天气管理条例》发布实施了。这一条例的执行全面规范了人工影响天气活动，加强了人工影响天气工作的管理，对农业气象灾害的防御工作有重要的意义。

依照《条例》的规定，各有关部门应及时无偿提供实施人工影响天气作业所需的气象探测资料、情报、预报和灾情、水文、火情等资料；军队、民航、公安等部门要依法配合气象主管机构做好人工影响天气作业所需的各项保障工作；各级人民政府应当依法将其批准开展的人工影响天气工作所需经费列入财政预算，以保障人工影响天气工作的顺利进行；这些举措能使得人工影响天气业务在农业防灾减灾中充分发挥其作用。

■ **《国家粮食安全中长期规划纲要》**

近年来，我国自然灾害严重，其损毁直接影响到耕地资源的逐年减少，例如，干旱、洪涝、盐碱等多种因素的影响使得质量相对较差的中低产农田面积日益扩大化，这种不利影响对我国中长期粮食安全构成极大威胁。《国家粮食安全中长期规划纲要》详细地阐述分析了当前各种自然灾害对国家粮食安全的影响，针对各种农业灾害对粮食安全的影响指出：①实施重点涝区治理，加快完成中部粮食主产区大型排涝泵站更新改造，提高粮食主产区排涝抗灾能力。②加强病虫害防治设施建设，建立健全重要粮食品种有害生物预警与监控体系，提高植物保护水平。③健全农业气象灾害预警监测服务体系，提高农业气象灾害预测和监测水平。④将重大自然灾害和突发性事件的需要纳入中央战略专项储备的主要用途中。⑤增加国家对农业气象灾害监测预警设施建设和农作物病虫害防治的投入。⑥完善农业政策性保险政策，加快建立大宗粮食作物风险规避、损失补偿机制和灾后农田恢复能力建设的应急补助机制。

■ **《国家综合减灾“十一五”规划》**

在国家全面加强应急体系建设和各项减灾工作的大背景下，《国家综合减灾“十一五”规划》（在以下简称《规划》）出台。《规划》将城乡社区减灾工作进行了重点阐述，指出我国将实施社区减灾能力建设示范工程，建立城乡社区减灾工作机制，完善相关应急预案，组织社区减灾救灾演练，加强社区灾害监测预警能力建设，建立社区灾害信息员和志愿者队伍，并在台风、风暴潮、洪涝、地震、滑坡、泥石流和沙尘暴等灾害高风险区和大中城市，建设社区避难场所示范工程。我国将不断完善城乡社区的减灾基础设施，全面开展城乡民居减灾安居工程建设，加强城乡社区居民家庭防灾减灾准备工作，建立应急状态下社区困难群体的保护机制，全面提高城乡社区综合防御灾害的能力。

《规划》在减灾科普宣传教育方面指出，减灾知识普及应纳入学校教育内容，纳入文化、科技、卫生“三下乡”活动。此外，要支持群众团体、民间组织和基层自治组织开展防灾避险知识宣传。

针对当前农村防灾减灾工作存在的一些问题，例如许多地区的农村住房设防标准低，抗灾能力还很差等，《国家综合防灾减灾规划“十二五”规划(征求意见稿)》在指导思想中明确了坚持防灾减灾与城乡区域建设相结合，强调了民生意识。在主要任务中针对农业防灾减灾指出：要加大农田水利基础设施、农村饮水等工程的投入力度；提高新建城乡建筑的抗震性能和设防标准，加强城乡基础设施的防灾减灾能力建设；健全城乡基层防灾减灾体制机制；提高城乡住房、基础设施、公共服务设施等方面的恢复重建能力，完善恢复重建监管水平；构建全国范围内覆盖到乡镇的灾害应急救助信息处理与共享平台；城乡社区内应建立居民就近紧急疏散和临时安置的避难场所；在我国农村地质灾害易发区，结合乡村布局、人口分布和灾害隐患点分布情况，依托现有设施新建或改扩建乡村应急避难场所，满足灾害应急救援和较长时间避难的需求。

第二章　农业生产与防灾减灾

一、农业生产与气象灾害防灾减灾

（一）种植业生产气象灾害防御

■ **我国主要粮食作物的类型及分布**

我国的粮食作物有小麦、水稻、玉米、燕麦、黑麦、大麦、谷子、高粱和青稞等，其中小麦、水稻和玉米这三种作物占我国粮食产量的80%以上。

小麦在我国是仅次于水稻的主要粮食作物，总种植面积占粮食作物总面积的20%～27%，分布遍及全国各省（自治区、直辖市）。按照种植季节的不同，可分为春小麦和冬小麦。

春麦区分为北部春麦区、东北春麦区和西北春麦区。北部春麦区指大兴安岭以西，长城以北，西至内蒙古的伊盟及巴盟，并包括河北、陕西两省长城以北地区及山西北部，小麦面积占全国的3%左右，小麦亩产在全国各麦区最低。东北春麦区指东北三省及内蒙古东部的春麦产区，全区麦田面积占全国的8%左右。西北春麦区以甘肃及宁夏为主，小麦面积不大。新疆冬春麦区中也有部分春小麦，主要分布在北疆。青藏冬春麦区以春麦为主，包括西藏和青海大部，甘肃西南部，四川西部及云南西北部，小麦种植面积非常小。

冬麦区分为北部冬麦区、黄淮冬麦区、长江中下游冬麦区、西南冬麦区、华南冬麦区。北部冬麦区包括河北长城以南的平原地区，山西中部及东南部，陕西北部，辽宁及宁夏南部，甘肃陇东和京、津两市，麦田总产占全国的6%左右。黄淮冬麦区包括山东全省、河南除信阳地区以外全部，河北中南部、江苏和安徽两省的淮河以北地区，陕西关中平原，山西西南以及甘肃天水地区。小麦总产占全国的50%左右，为我国最主要麦区。长江中下游冬麦区包括上海、浙江、江西3省（直辖市）全部、江苏、安徽、湖北、湖南4省的部分，以及河南省信阳地区，是南方冬麦区的主要产区，总产占全国的12%左右。西南冬麦区包括贵州全省、四川、云南大部、陕西南部、甘肃东南部以及湖北、湖南两省西部，麦田总产占全国的12%左右，其中以四川盆地面积最大。华南冬麦区包括福建、广东、广西、海南和台湾5省（自治区）及云南南部，麦田面积较小，小麦只有零星种植。

我国的水稻主产区在我国南方，按照地区和品种可分为华南双季稻区、长江流域单、双季稻区和云贵高原水稻区。

华南双季稻区主要包括广东中南部、广西南部、福建东南部、海南，以双季稻为主，海南和雷州半岛南部可种三季。品种以籼稻为主，单产不高。种植面积仅次于长江流域单双季稻区，在主产区中居全国第二。

长江流域单、双季稻区包括包括安徽、江苏的中南部，河南、陕西的南部，四川的东半部，浙江、湖北、湖南、江西的全部；广东和广西北部的南岭山地，贵州的榕江地区，福建的中北部和上海市，是全国最大的稻作主产区。北部为一季水稻，南部多种植双季水稻。早稻品种多为籼稻，中稻多为籼型杂交稻，连作晚稻和单季晚稻以粳稻为主。

云贵高原水稻区包括湖南西部、贵州大部，云南的中北部以及四川西部和青海全部、西藏等，均属零星稻区。

我国北方的水稻种植区分为东北单季稻区、华北单季稻区和西北干燥单季稻区。其中东北稻区包括黑、吉两省全部、辽宁大部和内蒙古东北部，水稻面积占北方稻的60%，采用早熟或特早熟粳稻品种，水稻品质较好。华北单季稻区包括华北北部平原中早熟亚区、黄淮平原丘陵中晚熟亚区，水稻仅种植在水源较好的地区，水稻种植面积不稳定，平均只占全国水稻面积的3.6%。西北稻区主要有北疆盆地早熟亚区、南疆盆地中熟亚区和甘宁晋蒙高原早中熟亚区，稻作面积很小，只占全国的0.5%。

我国是世界上第二大玉米生产国，也是主要的消费国。玉米具有直接食用、饲料、工业加工的原料等多种用途。玉米在全国20多个省（自治区、直辖市）都有种植，种植面积有2 000多万公顷，分为六个种植区：

北方春播玉米区，以东北三省、内蒙古和宁夏为主，种植面积稳定在650多万公顷，占全国36%左右；总产2 700多万吨，占全国的40%左右。

黄淮海平原夏播玉米区，以山东和河南为主，种植面积约600多万公顷，约占全国32%，总产约2 200万吨，占全国34%左右。

西南山地玉米区，以四川、云南和贵州为主，面积约占全国的22%，总产占18%左右。

南方丘陵玉米区，以广东、福建、台湾、浙江和江西为主。种植面积为全国的6%，总产不足5%。

西北灌溉玉米区，新疆维吾尔自治区和甘肃省一部分地区。种植面积约占全国的3.5%，总产约占3%。

青藏高原玉米区，青海省和西藏自治区海拔高，种植面积及总产，都不足全国的1%。

■ 我国水稻各产区的主要农业气象灾害

我国的水稻各产区的主要农业气象灾害如下：

东北单季稻区夏季低温冷害的发生频率较高，是影响水稻生长发育的主要农业气象灾害。

西北和华北稻区水稻生长主要受水源的限制，生育期中常会因为水源不足出现干旱。另外夏季也易遭受冷害的影响。

长江流域稻区春季易受低温烂秧的影响，夏季一季稻成熟期梅雨期已过，经常受高温的威胁，秋季晚稻会受到寒露风的袭击。

华南双季稻区夏季暴雨洪涝和沿海地区的台风常常会造成局地大幅度减产。另外早春低温常引起早稻烂秧，有的年份秋季会发生寒露风危害。

云贵高原水稻区的冬春干旱发生较为频繁，常影响水稻栽插，夏季可能受到暴雨、洪涝的损害。

■ 我国小麦各产区的主要农业气象灾害

小麦在我国绝大部分省份都有种植，各地的主要农业气象灾害有所不同。

东北春麦区中，东北西部地区春旱较重，常常影响小麦春播及生长。东北部地区则有时遭遇低温阴雨。

北部春麦区的主要农业气象灾害是春季大风、干旱，有时夏季会遭受冰雹的袭击。

西北春麦区降水稀少，干旱也是主要灾害，初夏干热风也常常影响小麦抽穗和灌浆。

新疆冬春麦区如果遇到冬季积雪较少的冬季，冬小麦易发生越冬冻害；冬季积雪少和夏季气温低都可能导致雪山来水量减少，造成春夏季干旱。

青藏高原常年气温较低，冬小麦冻害是主要威胁，高海拔地区夏季也可能发生霜冻。

北部冬麦区最主要的灾害是越冬冻害和冬春干旱。有时麦收可能受到连阴雨的影响。另外黄土高原降水较少，灌溉水源不足，小麦的一生都可能受到干旱的影响。

黄淮冬麦区的主要灾害也是干旱，尤其是春旱较易发生。春霜冻和干热风也分别会威胁小麦穗的发育和灌浆。

长江中下游冬麦区春季湿渍害是影响小麦生长发育的主要农业气象灾害。冬季小麦缓慢生长，遇到强寒潮可能发生冬季冻害。

西南冬麦区冬春干旱的威胁较大，另外过早抽穗的小麦也易遭到早春霜冻害的影响。

华南冬麦区收获期阴雨是主要威胁。

■ 我国玉米各产区的主要农业气象灾害

北方春播玉米区，主要灾害是干旱，尤其是夏季的玉米“卡脖旱”常常造成玉米直接减产。东北玉米区夏季可能遭受冷害的影响，东北东部夏季还可能受到洪涝的侵袭。秋霜冻也是可能影响东北玉米成熟的气象灾害。

黄淮夏播玉米区主要生长季在夏季，夏季少雨可能造成干旱，另外风雹天气也容易造成减产。秋收时有时会有连阴雨的影响。

西南山地玉米区，玉米品种繁多，播期交错，不同播期的玉米生育期间气候特点不同。春旱、夏涝、伏旱等都可能影响玉米生长发育。

南方丘陵玉米区最易受到春夏暴雨天气的影响。

西北灌溉玉米区玉米生育期内如果水源充足，光温也容易满足玉米生长，影响生长的气象灾害主要是水源不足导致的干旱。

青藏高原玉米区的主要不利天气是低温灾害，霜冻害和冷害常常影响玉米产量，另外生长季内的风雹天气也会造成大幅度减产。

■ 如何防御干旱对冬小麦生长发育和产量形成的影响

北方冬麦区是我国冬小麦的主产区。这一地区的冬小麦，一般在9、10月份播种，第二年5、6月份收获。这一地区常年雨水不足，气候干燥，干旱在小麦生长发育的每一个阶段有可能出现，尤其在春季和初夏，常会造成冬小麦返青、拔节孕穗和灌浆受到影响。有些年份出现的秋旱，会造成冬小麦播种受到影响，而遇冬季寒旱交加，则会导致冬小麦越冬死苗。

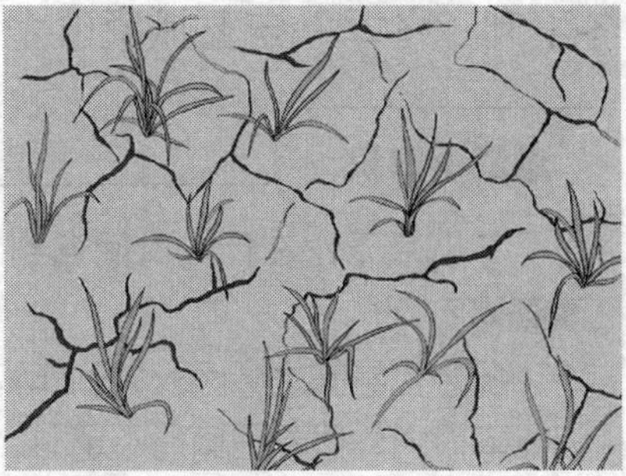

秋季冬小麦处于播种、出苗期至分蘖期，这个时段需要适宜的土壤墒情，以保证小麦适时播种、出苗。如果出现秋旱，会导致小麦出苗不齐，幼苗生长缓慢。干旱的年份，应采取如下措施减轻小麦油菜干旱危害：一是没有灌溉条件的麦区要注意收听适播期内的天气预报，及时抓住降雨时机，抢墒播种。二是无雨的地区要开发一切水源，及时造墒播种，以免延误农时。三是各地要做好小麦的田间管理，力争冬前培育壮苗，提高冬季抵御旱寒的能力。四是要在小麦越冬前适时浇灌越冬水，在日消夜冻、日平均气温 3～5℃时浇灌正合适。

冬旱是冬小麦越冬死苗的主导因子。在冬季干旱的年份，应采取相应的栽培和保墒措施，以减少小麦死苗率。一是要搞好盖土盖肥。盖土盖肥是保证麦苗安全越冬的一项有效措施，可以起到覆盖防寒的作用，也可以补充开春后的土壤肥力。二是要抓紧冬季碾麦。麦田镇压可以破碎土坷垃，压实土壤、弥补裂缝，防止冬季因地表板结龟裂所造成麦苗死亡。尤其是秋旱严重时，整地不细，对小麦越冬不利，冬季一定要抓紧碾麦。

灌溉小知识

冬小麦无论在什么时间遇到墒情不足时都需要立即灌溉吗?

冬小麦是需水量比较大的作物，北方冬麦区出现干旱的概率很大，但麦田墒情不足时，要看在什么时期，干旱的程度有多重，不一定出现墒情不足的情况都要立即灌溉。冬小麦在正常年份，一个生育期浇 3~4 次水。播种时如果底墒充足，则不必浇水，可趁墒播种，或即使墒情不足，如果播种适宜期内天气预报有降雨，则可趁有降雨天气时抢墒播种。北方麦区越冬前一般可浇越冬水，可以起到防寒防旱的作用，可以有效防止越冬死苗。返青期遇到墒情不足的情况，如果灌溉水源充足，越冬前没浇越冬水的，可以浇一次返青水，如果冬前浇过水，返青期表墒不足但底墒充足时，可不必浇水，采取镇压措施防旱。孕穗期是冬小麦需水的关键期，这个时期小麦对干旱非常敏感，北方春季常年降水不足，因此一般都要浇水。

春季和初夏是北方冬小麦旺盛生长的时期，如果拔节期受到春旱影响，会使小麦穗分化和穗发育受到影响，直接影响穗粒数。如果在抽穗期发生干旱，则会导致小麦花粉干枯，花丝不能伸长授粉，结实率降低；使处于灌浆期的小麦灌浆提前结束，瘪粒增多，粒重下降。抗旱的主要措施首先要开源节流，合理灌溉。有水浇条件、但未浇越冬水的地块，开春后（日平均气温稳定在 3℃以上）晴天午后小水细浇，并适当追肥，划锄保墒；其次如果灌溉条件较差，可以在小麦起身前进行镇压、划锄，锄地时要锄细、锄匀、不压麦苗。先压后锄，可起到提墒、保墒、增温和减少杂草的作用。三是可以喷施化学抗旱剂抗旱，可起到增强小麦抗旱力的作用。

■ 稻田怎样在洪涝后采取有效措施减轻危害

洪涝是我国最主要的农业气象灾害之一，平均每年因为洪涝造成的粮食产量的损失达100亿千克，较严重的洪涝平均每3～4年发生一次。尤其在南方，水稻区夏季降水频繁，水稻虽然生活在水中，洪水仍可造成淹没、倒伏、折断或泥沙埋没等损伤，并诱发病害。水稻在不同生育期受害后，表现的性状和受害的程度不同。苗期受涝后的表现是叶发黄、苗细长，水退后一般能恢复生长，但因洪涝灾害会造成减产。分蘖期受害会造成底叶坏死，水退后叶片干枯，正常分蘖受到影响，但一般不致腐烂。拔节期受涝会造成植株倒伏。孕穗期受涝危害最重，会出现烂穗，严重减产。灌浆期可造成功能叶变黄，籽粒在穗上发芽。

及时在洪灾后采取措施，根据受涝的情况和水稻的不同发育期分类管理，可以减轻洪涝灾害对水稻的生产，灾后措施的选择十分重要。洪涝后水稻生产可采取以下补救措施。一是要及时开渠排水，降低水层，使苗尖及早露出水面，缩短淹没时间。

遇阴雨天可一次将水排至正常水位。在遇高温烈日时，不要一次将水排干，需保留适当水层，使水稻逐渐恢复生机。二是要及时洗苗扶苗，可顺水退的方向洗去秧苗上的泥沙，促进秧苗尽快恢复生长，减轻危害。三是如果出现洪涝造成了田间缺苗，则应及时补栽。缺苗的田块如面积较大，可将未受害的秧苗集中栽种，空中的田块重新整体直播下茬。四是如果受洪涝灾害严重，除根系外穗及穗秆已死亡的田块，可蓄留再生稻。在水退后割去地上部分，以后可发新芽，重新生长成穗。五是水稻受涝后，叶片损伤，增加了白叶枯病等病害的发生机会，应加强田间病情检查和防治。六是及时改种。水稻洪涝后遇稻茎已经枯死腐烂，根系也严重受损的田块，则应立即改种生育期短的旱作物或蔬菜等作物。

■ 粮食作物在苗期受风雹灾害后如何补救

粮食作物在不同生长发育阶段受到冰雹袭击，造成的影响不同。禾本科粮食作物在抽穗开花期后、玉米在大喇叭口期受到遭遇冰雹天气，受到的影响较重，会导致穗节被砸断，产量直接受到极大的影响。而作物苗期遭受雹灾，只要生长点未被破坏，一般不要轻易翻种，而应及时采取补救措施，加强田间管理，可使幼苗尽快恢复生长。一般可采取如下措施：

（1）雹灾过后，及时剪去枯叶和烂叶，以促进新叶生长。

（2）雹灾过后，容易造成地面板结、地温下降，使根部正常的生理活动受到抑制，应及时进行划锄、松土，以提高地温，促苗早发。

（3）灾后及时追施速效氮肥，对植株恢复生长具有明显的促进作用。

（4）对雹灾过后出现缺苗断垄的地块，可选择健壮大苗带土移栽。移栽后及时浇水、追肥，以促进缓苗。

（5）及时治虫。棉株受灾后萌发的枝叶幼嫩，前期易受蚜虫危害，后期易受棉铃虫等害虫危害。

人工影响天气小知识

为什么人工可以消雹？

采用高效的人工成冰剂，在雷达的监测指挥下，用高炮、火箭等发射到云中去，可以在云中人工增加很多冰晶，可以长成大量的人工雹胚。它们碰撞云滴长大时，会消耗大量的过冷云水，结果使所有雹胚，包括人工的和自然的，都不能长得太大。这样云中产生的冰雹的数量增加了，但单个体积减小了。雹块在下落到达暖区时会不断融化，大雹块融化得少，小雹块融化得多，有的在到达地面之前就全部融化成为雨滴了。这样人工消雹以后到达地面的雹块的总量和单块质量就会减少，达到了化大雹为小雹，化小雹为雨的效果。就大大减少了它们的落地时的破坏力。

■ 怎样减轻冻害对经济作物的影响

冻害指植物在0℃以下的强烈低温下受到的伤

害，主要发生在越冬和初春期间。我国淮河以南的地区是甘蔗、茶叶、柑橘等经济作物的主产区，冻害常常造成幼苗或幼树受冻，生长发育受到明显影响。甘蔗遭遇冻害，会影响当季的产量和蔗糖分，冻死蔗茕，影响次年的宿根蔗。茶树受冻则显著影响春茶的上市。柑橘受冻轻则损害树冠绿叶层，叶片凋萎、脱落、枯梢，造成不同程度的减产，重则损害枝干，造成大枝、主干的皮层开裂或冻后发生树脂病，导致枝干严重受伤以至整株死亡。

寒潮天气前后，要采取各种措施防御冻害的发生，可明显减轻低温天气的影响，降低冻害的危害。

（1）在寒潮天气来临前利用覆盖物覆盖于植株上，既可抵挡风霜直接侵袭，又可防止夜间地面辐射，保护树体温度。也可在根系周围培土，也会起到一定程度的保温作用。

（2）密切关注天气预报，在预报有霜冻的夜晚燃烟，方法可采用在上风处燃放树枝、落叶、杂草，减少地面热量向上辐射，使地面温度增高，可达到保温防冻的目的。

（3）在有条件的地区适度引水灌溉，可以增加土壤湿度和空气湿度，使热容量和导热率增加，夜间降温缓慢，起到防冻的作用。

（4）增施肥料。特别是对留宿根和砍收计划安排较迟的蔗地，要注意多施酿热性的有机肥和磷肥，能提高蔗田温度和甘蔗抗霜冻的能力。

■ 怎样减轻早霜冻对东北农作物的危害

东北地区是我国北方出现霜冻害的主要地区之一，秋季的早霜冻常对尚未成熟的秋收作物发生影响。减轻东北地区早霜冻危害的防御对策：

（1）培育抗寒品种、可减少霜冻影响。

（2）选择适宜种植区，可避开霜冻。

（3）加强田间管理以培育壮苗，增强抗逆性。

（4）水稻田可在霜冻出现前1～2天实施灌水法以水调温。

（5）可以采用杂草、秸秆堆外盖薄土，堆内燃烧，熏烟防霜；近年也有利用沥青、硝铵、煤末、锯末等制成防霜弹，施放烟幕的，促进水汽凝结，减少地面有效辐射。

（6）可利用搭棚、包扎、干草等轻型材料遮盖，减少地面和作物体散热。

（7）用特制加热器、燃烧液把水滴均匀洒到作物或果树叶面上，可释放潜热。

■ 怎样减轻高温逼熟对粮食作物的影响

高温逼熟是指在作物的灌浆期内遇到高温天气，会造成根系早衰，叶片功能下降，使成熟期缩短，灌浆不饱满，千粒重下降，同时却增加了植株呼吸强度，消耗较多的有机物质，减少干物质的积累。叶温增高，也会加强蒸腾失水，破坏体内水分代谢的平衡，削弱籽粒灌浆能力，促使籽粒在尚未达到饱满时就很快成熟，造成瘪粒。南方的双季早稻、春玉米、大豆等作物的成熟期处在夏季，最易受到高温逼熟的威胁。水稻如果在开花灌浆期遇到35℃以上的高温天气，会出现“高温不实”和“高温逼熟”现象，导致空壳及秕粒，降低产量；玉米在温度高于32～35℃高温、空气湿度接近30%时，散粉后1～2小时，花粉即迅速干枯，失去发芽力；大豆在开花时遇到33℃高温，则无花朵开放。

防止双季早稻、春玉米、大豆等作物的高温逼熟现象，减少产量的损失，可以采取以下方法或措施：

（1）在高温频发的地区要注意选择生育期长短合适的作物品种适期播种，使水稻、玉米、大豆开花灌浆期避开高温时间，减少损失。

（2）在高温天气时采取以水调温的方式，水稻田要深灌护秧，日灌夜排。旱地作物可以用喷灌设施，将水直接喷洒在作物茎叶部位，降温增湿。一般灌溉的时间应在11～13时进行为宜。

（3）在高温干旱期间，花粉自然散粉传粉能力将有所下降。在这个时候，对异花授粉的农作物，可采用人工辅助授粉办法，减少高温对结实率的影响。

（4）用尿素、人尿、猪牛尿、磷钾肥，在作物的开花灌浆期进行连续多次喷雾，并适量加大水量，可以降温增湿，又能够适时地给叶片提供必需的水分及养分，促进籽粒充分灌浆。

■ 怎样减轻暴雨洪涝对旱地经济作物的危害

旱地作物一般不耐涝，发生暴雨洪涝后往往比水田受影响受重。作物即使没有被完全冲毁，也可能导致湿害，田间土壤湿度过大，使根系缺氧甚至腐烂，对生长发育造成严重影响。我国南方沿海和江河流域附近高产值的经济作物集中，而这

些地区又是暴雨洪涝的高发区，受到洪涝灾害往往造成较大的经济损失，因此在旱季要切实加强水利工程的建设，并要在洪涝灾害前后加强田间管理，减轻洪涝的危害。

暴雨洪涝灾害的防治对策有以下几个方面。一是在旱季时要抓好水利工程的建设和保持，兴修或加固水库堤坝，提高拦蓄洪水的能力。二是在雨季来临前及早做好农田的排水设施整理工作，疏通或深挖排水沟渠，增强排涝能力。三是做好农田周边土地的植树种草，涵固水土，能起到在暴雨天气过后减轻洪涝发生程度的作用。四是出现暴雨洪涝，要及时抢排明水、降暗水，减少旱地经济作物受淹

相关知识

暴雨预警信号等级的含义与农业生产

中国气象局的暴雨预警信号分四级，分别以蓝色、黄色、橙色和红色表示。各省根据本省的情况分级略有不同。暴雨预警的四级信号的含义和农业生产防御指南如下：

暴雨蓝色预警信号

标准：12 小时内降雨量将达 50 毫米以上，或者已达 50 毫米以上且降雨可能持续。

防御指南：检查农田排水系统，做好排涝准备。

暴雨黄色预警信号

标准：6 小时内降雨量将达 50 毫米以上，或者已达 50 毫米以上且降雨可能持续。

防御指南：检查农田排水系统，采取必要的排涝措施。

暴雨橙色预警信号

标准：3 小时内降雨量将达 50 毫米以上，或者已达 50 毫米以上且降雨可能持续。

防御指南：做好农田的排涝，注意防范可能引发的山洪、滑坡、泥石流等灾害。

暴雨红色预警信号

标准：3 小时内降雨量将达 100 毫米以上，或者已达 100 毫米以上且降雨可能持续。

防御指南：做好山洪、滑坡、泥石流等灾害的防御和抢险工作。

时间。五是暴雨洪涝过后，要及时扶起尚未死亡的倒伏苗，清洗叶片上的污泥，促进其尽快恢复生长。六是旱田土壤干爽后，要及时松土、破除板结，降湿通气，促进根系发育。七是暴雨洪涝过后，土壤养分流失严重，加上灾后根系受损，吸收功能降低。灾后要抢墒追肥，促进作物壮苗。八是旱田经过高湿天气后，一些病虫会发生并蔓延，要及时防治，减少损失。九是雨季过后，在作物生长发育后期要加强秋管，用充足的肥料弥补前期养分的流失和保障后期产量形成。

■ 我国设施农业的现状

设施农业是利用人工建造的设施，为种植业、养殖业及其产品的贮藏保鲜等提供最佳的环境条件，以期将农业生物的遗传潜力变为现实的巨大生产力，获得速生、高产、优质、高效的农畜产品。

我国20世纪50年代开始简易的设施农业。80年代，以日光温室、塑料大棚和遮阳网覆盖栽培为代表的设施园艺得到发展。90年代，我国大规模引进国外大型连栋温室及配套栽培技术，设施农业现代化水平不断提高。现阶段我国设施农业已超越早先的瓜、菜、花卉等园艺作物的范畴，广泛地用于大田作物、水产养殖、畜禽饲养及林果生产等诸多领域。近年来，我国设施农业发展迅速，目前我国设施农业面积已达250万公顷，居世界首位，约占世界设施农业总面积的85%。

全国各个省份设施农业的发展水平参差不齐。我国设施农业栽培面积最大的省份是山东、河北、河南、辽宁、江苏和新疆。河北、山东、河南重点发展高效节能日光温室、塑料大棚等先进设施，生产反季节蔬菜和无季节生长的蔬菜、瓜果和花卉。上海、天津的都市设施农业成为大中型城市及其郊区农业的发展趋势。沿海各省重点发展具有高附加值的设施园艺和渔业。西部地区甘肃和新疆设施农业栽培面积较大，农业设施多是日光温室。广西和海南的设施农业发展起步较晚，目前设施农业与热带高效农业相结合的模式发展迅速。

虽然我国设施农业已成为很多省份的优势产业，但对大多数地区的设施农业来说，由于存在科技含量低、设施水平低下、机械化程度低及管理水平较低等问题，抵御各种气象灾害的能力还十分薄弱。

■ 我国设施农业气象灾害的特点是什么

虽然我国设施栽培面积很大，但设施装备的水平低下：90％以上的设施仍以简易型为主，有些仅具简单的防雨、保温功能；抗御自然灾害能力差；土地利用率低，保温、采光性能差；作业空间小，不便于机械操作；对设施内的温、光、水、肥等环境因子的综合调控差。

在近年来气候变化的大背景下，气温、降水变化的频率及强度明显增强，极端天气气候事件呈增加趋势，给农业生产带来巨大损失，设施农业也经常遭受不利天气条件的影响，导致设施内农产品产量和品质下降。

我国的设施农业气象灾害有暴雪、风沙、暴雨洪涝、冬季低温、连阴天气等。沿海地区还会受到台风的袭击，造成严重损失。

暴雪是我国北方的设施农业生产冬季经常遭遇的一个气象灾害，2008 年我国南方很多地区设施农业生产也遭遇到极端降雪天气的影响。农业设施虽然可以支撑一定的负载，但如果暴雪发生时棚顶积雪不能及时清除，或负载过重则会导致大棚垮塌、棚内作物受冻，发生雪灾。

西北内陆地区冬、春季常会出现风沙天气，也是影响设施农业生产的一个重要农业气象灾害。大风会将棚膜刮飞、刮破，损坏大棚设施，直接造成经济损失，设施损坏会降低或破坏大棚的保温性能，导致设施内的农作物受损。风灾也是对设施农业生产影响较大的一个气象灾害。

连阴天气是日光温室一个重要农业气象灾害，对设施农业的影响远远大于大田农业。节能型日光温室热能主要来自太阳辐射，一旦出现连续阴天，一是温室内的农作物光照强度弱，正常光合作用受到影响，农作物会出现植株徒长、瘦弱的现象，坐果率下降，棚内的湿度增加易引发病害，直接影响产量和品质。二是由于太阳辐射减少导致地、气温逐渐下降，特别是地温太低，会引起温室内的作物出现寒根、沤根的现象，最终影响地上部分的生长。

相比大田农业，连阴后骤晴天气在设施农业生产中有更大的危害，主要是由于连续阴天导致室内温度很低，出现寒根现象，根系活动减弱，天晴后，回温迅速，室内植物茎叶蒸腾大量失水，根系吸收水分能力低，导致茎叶萎蔫。

设施农业虽然有增温效应，比大田农业抗低温能力更强，但遇突发的强寒潮或连续低温时，由于设施内常种植反季节植物，植物抵御低温的能力有限，设施如无加温设备，会造成冷、冻害的发生，影响作物生长。

春夏季南方山区的设施农业生产常遭受暴雨后洪涝灾害的危害。尤其是暴雨来临时，由于降雨集中，引起江河、溪流水位上涨，甚至山洪暴发，造成设施被淹，生产受到较大影响。

沿海地区，台风是影响设施农业的最主要的农业气象灾害，台风登陆时，常伴随狂风暴雨和风暴潮，对设施农业破坏力极大，其影响严重程度居气象灾害之首。台风对设施农业的破坏主要有：一是台风风力强度大，造成大棚棚架扭曲变形、倒伏受损，设施被毁；二是设施农业棚膜被掀，造成棚内农畜产品受损；三是台风形成的短时强降雨，造成农业设施内涝严重。

■ 怎么减轻大风、降温天气对北方大棚蔬菜生长的影响

近些年来，北方利用大棚进行反季节蔬菜栽培越来越普遍。大棚蔬菜的种类不同，适宜生长的温度也差异较大。喜温的蔬菜如茄果类、瓜类、菜豆、毛豆、扁豆等喜温豆类、山药、芋头等喜温薯芋类、水芹、茭白等水生菜类大棚内一般适宜温度在25～30℃，10℃以下就会停止生长，遭遇 0℃以下低温就会冻死。大部分根菜类和叶菜类、耐寒的薯芋类如土豆和耐寒的豆类如豌豆、蚕豆等蔬菜适宜生长温度为 17～20℃，遭遇－3～5℃的低温则会发生冻害。

北方地区进入冬季后，大风、降温天气比较频繁，大棚蔬菜遭受大风、降温天气的影响而造成损失以致绝产的事情各地时有发生。其中大风天气使蔬菜大棚掀顶、棚舍发生损坏，轻者造成棚内降温，蔬菜得不到增温效果；重者给棚内蔬菜直接造成机械损失。而降温天气会直接影响蔬菜生长，如果棚内气温下降到蔬菜的适温下限则会使棚内菜苗发生沤根、僵苗，甚至受冷、冻害死苗现象。大棚蔬菜受低温影响后主要表现为以下几个特征：一是沤根：因为棚内温度低，湿度大，苗床板结，根系缺氧窒息而死，表现为棚内蔬菜根部褐变或腐烂，

幼苗萎蔫。二是僵苗：因为温度过低致使幼苗生长缓慢，苗体小，茎矮，节间短，叶小而厚，深暗绿色，硬脆无韧性，将苗挖起后，其根系老化。三是叶片冷冻害：如果温度下降剧烈，冷害发生严重时使幼苗叶翻卷变色，局部出现斑点或坏死；冻害则使幼苗叶片表现为似开水烫伤，解冻后破皮、流水、枯萎、叶片失绿，局部组织死亡。

为减轻大风、降温天气对大棚蔬菜造成的影响，可以采取以下措施：

在强冷空气来临之前加固棚舍，提高棚舍密封性。棚舍一旦受大风损坏，应立即抢修，以确保蔬菜免受冻害。冷空气来临时及时增加薄膜、草苫等覆盖物。有条件的地区利用电热线等进行加温。遇降温天气及时中耕松土，以增加土壤中的含氧量、温度，并在中午时通风换气，以增温排湿。

大棚设计小知识

如何提高大棚的抗灾性能?

冬、春季大风、降温天气频繁，大棚的设计和安装方法很重要，往往设计和安装合理，能抵御更强的大风、降温天气，减少不利天气造成的损失。提高大棚的抗低温、大风的能力，可用以下几种办法。

一、提高棚膜抗风能力

春季大风天气频繁，安装棚膜要选择合适的时机，每年的 6~9 月份温高光照，棚膜老化速度快，所以在安装棚膜时要避开这段时间，以 10 月份换膜比较合适。在一天中安装棚膜也应避开一天中的高温时间，选择在上午 9 点前或下午 4 点后进行，减少了棚膜因高温粘连在一起的现象，对棚膜的损伤减小。安装好棚膜后，要增设压膜绳。对于仅仅安装南北向压膜绳的大棚，要通过增设东西向、上下间距 2~2.5 米的压膜绳，与南北向压膜绳连成一体，形成网状，可以大大增强了棚膜的抗风能力。

二、提高棚室保温性

过去常规的棚上草苫是“品”字形覆盖，在原有草苫的上端、下端，东西向又加盖了一层草苫，会减少“品”字形覆盖的草苫因为偏移等导致覆盖不严，热量散失。

三、提高棚室承重

有时在建造棚室时，忽视了大小间的合理设置，导致大间过宽，遇到暴风雪来袭时，因自身难以承重。可把“小间”安排到大棚的两侧或把“小间”建造在大棚中间位置，加强了大棚的承载力，可以承受稍强一些的大风雪天气。

■ 怎样减轻连阴、雾天气对大棚作物的危害

我国南北方的设施农业，都可能受连阴天气的影响。棚内由于棚膜的阻隔，光照强度比棚外弱，遇到连阴、雾天气，棚内作物光合作用不足，蔬菜、花卉的正常生长发育会受到影响，也会引发病害。

遇到连阴、雾天气时，要采取以下措施减轻不利天气的影响。一是经常出现连阴雾害的地区棚膜要选用 EVA 膜。采用 EVA 膜可减少自然光照损失，提高棚内清晰度。二是采取可能的措施增加光照，比如在棚内多挂汞灯、日光灯，可以起到增光和增温的效果；或者在棚内的北墙上悬挂反光幕。三是进行叶面喷肥和补糖。用白糖或红糖混合磷酸二氢钾溶液叶面喷施，增强叶面的光合能力。四是如室外无强烈降温，在白天应坚持揭开覆盖物，利用阴天室外的散射光维持一定的光合作用率。五是阴雾天一般不要浇水，防止棚内土壤过湿造成沤根。如果棚内湿度过大，要及时通风排湿。六是连续阴、雾天后骤然晴天，不要立即全部揭去覆盖物，要逐渐揭开，并要注意观察秧苗变化，发现萎蔫，立即盖上，待秧苗恢复后再揭开。让棚内植物逐渐适应光照突然变强的变化。七是阴雾天尤其要防治棚内作物的病虫害。

如果棚内出现湿害，要注意增加通风换气的次数。通风换气在白天中午前后气温高时进行，通风

位置在大棚的顶膜与裙膜交界处。风口宜先小后大，逐步进行。通风时，要防止冷风直接吹入棚内，下午 5 时前覆盖好薄膜保温。

（二）畜牧业生产气象灾害防御

■ 我国畜牧业的现状

畜牧业是农业的主要组成部分之一。与种植业并列为农业生产的两大支柱。在保障城乡食品价格稳定、促进农业增收方面发挥了至关重要的作用，许多地方畜牧业已经成为农村经济支柱产业，成为增加农民收入的主要来源。

2005 年我国畜牧业总产值突破 13 000 亿元大关，占农业总产值的比重达 33.6%，该年我国居民人均肉类和奶类占有量分别达到 58.7 千克和 21.7 千克，畜产品的稳定供给已经成为国家食物安全的重要组成部分。

畜牧业的快速发展大大促进了农民收入的增长，2005 年我国农民人均收入中来自畜牧业收入的为 700.3 元，约占农民人均收入净增部分的 40%，在我国一些畜牧业发达地区，从畜牧业所得到的现金收入已经占到农牧民现金收入的 50%。畜牧业的快速发展还推动了饲料等相关产业的发展，并吸纳了大量就业人口。2005 年我国从事畜牧业生产的劳动力已经超过全部农业劳动力的 1/3，超过 1 亿人，畜牧业及其带动的饲料等相关产业的产值超过18 000亿元。

目前我国畜牧业的生产方式：

根据畜牧业生产发展的条件和特点，以及民族的生活、生产习惯与历史发展的地区差异等，中国畜牧业可划分为牧区、农区、半农半牧区、城郊等4种类型地区：

畜牧业相关法律法规

《中华人民共和国畜牧法》、《饲料和饮料添加剂管理条例》、《种畜禽管理条例》、《中华人民共和国动物防疫法》、《兽药管理条例》

1. 牧区畜牧业　牧区指利用天然草原，采取放牧方式，经营畜牧业取得产品为主的地区。中国牧区主要分布在东北平原西、内蒙古高原、黄土高原北部、青藏高原、祁连山以西、黄河以北的广大地区。西北地区是我国比较集中的畜牧业基地，年产值占农业的的比例高达近40%，是我国重要的畜牧业基地。牧区畜牧业是牧区牧民的主要生活来源和民族习惯，正因如此，才使我国牧区畜牧业的持续发展有了坚实的群众性基础。

2. 农区畜牧业　农区通常指以农作物栽培为主的地区。主要分布在中国中东部大部分地区。农区畜牧业其实质就是农业和畜牧业的结合，其饲养方式以舍饲为主。农区畜牧业的经营规模大小不一，大多数作为家庭副业经营的规模一般较小，主要利用农村剩余劳动力和农副产品来饲养畜禽。而农区的养殖专业户、经济联合体、国营畜牧场等将畜牧业作为商品化的相对独立的产业来经营。

3. 半农半牧区　半农半牧区沿长城南北呈狭长的带状分布，畜牧业纯牧区放牧与农区舍饲相结合，是农业与牧业交替发展的地区。这一地区是农区役畜和肉食牲畜主要供应基地之一，以牛马羊饲养为主，是肉、乳、细毛的重要生产基地。

4. 城市郊区畜牧业　城市郊区畜牧业，是伴随着城市经济的发展，从农区畜牧业分化出来的集约化程度较高的畜牧业。主要分布在城市郊区和矿区附近，一些大型养殖场从事专业化畜牧业生产，也有一些个体饲养业的非专业化的畜禽养殖场，主要满足大、中城市居民和矿区居民的生活。

■ 我国畜牧业的气象灾害有哪些

我国畜牧业分布广泛，牧区、农区、城郊等都有不同规模的畜牧业生产。我国西北地区的青藏高原、新疆、内蒙古草原地区等地是我国重要的畜牧业生产基地，这些地区地形复杂，气候多变，气象灾害频繁。这些地区目前及今后很长一段时间还不能完全实现集约化、现代化、机械化，以放牧饲养为主的畜牧业生产受气象条件影响大，气象灾害是影响畜禽安全生产的重要原因。

我国西北牧区的主要气象灾害有旱灾、雪灾、风沙灾、冰雹、寒潮。

1. 旱灾　西北地区是干旱高发的地区，牧区发生旱灾，一是土壤有效水分得不到补充，地下水位下降，造成牧草不能正常生长发育，产草量降低；二是因长期积雪少或无积雪，造成家畜缺乏饮水甚至死亡，在牧区冷季发生，也叫黑灾；三是会加剧草场退化。

2. 雪灾　也称白灾，是由于冷季降雪过多、过深，积雪持续时间过长，影响家畜正常放牧采食而造成的灾害，雪灾包括持续大雪和暴风雪。

3. 风沙灾　是指干燥季节，由于地表裸露较多，大风天气吹起沙尘，造成正在放牧的家畜丢失或被沙尘掩埋死亡的灾害。大风及风沙天气对畜牧业生产的主要危害：一是对草场的破坏极其严重，长期频繁的风沙可以造成草场沙化。二是由于大风天气影响放牧，家畜正常饮食受到影响，会出现掉膘的现象，进而影响家畜抵抗力。三是风沙直接掩埋了家畜或牧场的围栏等设施，直接造成更大的经济损失。

4. 寒潮　指冷空气造成剧烈降温，温度超出牲畜的能够正常生活的适宜温度范围，使牲畜发生冻病、冻死的气象灾害。

5. 冰雹 也是对畜牧业生产影响较大的农业气象灾害，冰雹的危害主要有，一是机械性破坏作用会对牧草造成毁灭性打击，严重时影响牧草再生。二是破坏牧场设备，危及出牧群众和畜群安全。三是冰雹过后会使土壤严重板结，造成草原植被损伤，破坏生态平衡，诱发草原病虫害。

我国农区和城郊的畜牧业气象灾害，主要类型除有：寒潮、旱灾和冰雹外，暴雨、高温等都会不同程度影响畜、禽正常生长和生产，沿海地区还有台风等。

暴雨是夏季中东部大部分地区常出现的灾害性天气，会引起江河湖库水位上涨，山洪暴发，对有畜牧业生产的农区或城郊，会造成畜禽养殖场地进水，栏舍坍塌，引起畜禽发病或死亡。

夏季，我国南北方大部分地区温度较高，高温会导致畜、禽产奶、蛋量下降，疫病增多，甚至死亡。

台风是沿海地区畜牧业生产的破坏力最强的自然灾害，由于台风来势凶猛，同时又带有大量的雨水，在引起水灾的同时，可造成栏舍的破损、坍塌。

■ 如何减轻高温天气对畜牧业生产的影响

家畜和家禽只有在最适温度的适应范围中才能充分发挥生产潜力。夏天日照强烈，气温高，超出畜禽的最适生活范围的高温，可能导致畜禽生理、化学、免疫反应和代谢失调，生产性能下降，免疫防御功能降低，消化、生殖及呼吸系统疾病增多，死亡率升高。

减轻高温对畜牧业生产的危害，可以从改善生活环境、注意合理喂养两个方面着手。首先在高温天气时，对想尽办法改善高温的生活环境。第一，经常遇高温的地区应改变舍外围护结构的隔热设计，对缓和强烈阳光带来的升温迅速很有帮助。第二，可以采取加强通风的方法，利用送风的方式，降低畜禽体感温度是非常有效的方法之一。高温时昼夜温差偏小，在夜间或清晨提高风速，对调节体感温度和降低舍温很重要，同时使畜禽逐渐适应高温，如果有冷风机则降温效果更为明显。第三，可以采取舍内用水喷雾和舍顶洒水的方式，利用水蒸发耗热的原理，把舍内温度降低。

在高温天气时，尤其要注意合理喂养，注意营养调控，改善饲料质量和饲喂方式，维持营养平衡，可以补偿热应激引起养分摄入量的减少。一是调整饲料构成，可多喂青绿多汁的饲料。可在饲料中添加氯化钾、碳酸氢钠等抗热应激药物，能在一定程度上缓解外界高温对产奶性能的抑制作用；畜禽有热应激反应时，饲料中添加某些复合酶制剂、瘤胃素、酵母培养物等均有很好的缓解效果；一些有清热解暑、凉血解毒作用的中草药，兼有药物和营养物质的双重作用，可有效缓解热应激反应。二是要供给清洁的新鲜饮水，利用常流动的自来水能达到此目的，如用水盆或自动饮水器供用水就勤换水。三是实行早晚喂料，中午高温，畜禽的体温上升，有时会拒绝采食，因此，要在清晨和傍晚气温低的凉爽时间饲喂，以提高采食量，中午遮阴或关灯，让畜禽午休，是防止高温死亡的良好措施之一。

■ 如何减轻洪涝对家禽养殖业的影响

禽舍被水浸过之后，饲养环境中的各种致病因子会相应的增多，家禽感染得病的机会也会相应增大，饲料在高湿、高温的情况下，极易发生霉变等。为了能尽快恢复生产，减少损失，除正常饲养管理外，还应注意以下几点：

1. 彻底清理禽舍，作好环境消毒　对禽舍进行彻底消毒处理，一般程序是先进行机械冲洗，清扫干净，粉刷墙壁，加强通风换气，然后用生石灰水加碱水喷洒禽舍内部，鸡笼等用具用来苏儿或过氧乙酸喷洒消毒。

2. 加强对饲料的控制，防止霉变饲料对家禽造成危害　预防霉变的方法有如下：①保持饲料干燥、清洁，空气流通。②密封贮存饲料，抑制霉菌生长。③药剂防霉，用丙酸钠或丙酸钙与饲料搅拌均匀，或者在配合饲料中加入克霉净，可使饲料 2 个月不霉变，不结块。

3. 饲料的脱毒处理　对霉变不太严重的饲料，可用水洗法、蒸煮去毒法、氨气去毒法、蔗糖去毒法、发酵中和去毒法等等方法，进行脱毒处理后再进行饲喂。

4. 做好疫苗的接种及复种工作　被水淹没过的禽舍，各种致病菌及病毒无处不在，而且有些传染性很强。因此在家禽入舍之前一定要做好疫苗的接种工作。

5. 提高饲料质量　可以采取在饲料中添加亚硒酸钠及维生素 E 的方法提高饲料质量，用这种饲料喂养家禽，可以提高家禽的免疫力。

6. 严格控制好饮水质量　水灾过后，为了保证家禽能够饮用到干净的水，可通过饮水消毒的方法解决。

■ **如何减轻牧区白灾的影响**

防范牧区的灾害，首先要以防为主，改变目前的牧业方式，农牧结合，种草储料，储草备荒，农牧业结合紧密的地区，牲畜冬季有足够的饲草，能大大减轻白灾的影响。另外要在白灾来临前加强棚圈建设，草场上可建设透光保温的棚圈。畜舍内要多铺洁净的垫草，并保持干燥卫生，这是保证牲畜安全越冬的重要条件之一。第三如果在放牧转场途中，要利用避风向阳干燥的地形，垒筑防风（雪）墙，也可建简易的接羔房。第四要注意收听和使用天气预报，当暴风雪来临前，将牲畜赶回棚圈，并适当采取防雨防寒措施。比如，关好棚圈门窗，地上铺干草，还可用被褥、羊毛苫等盖在牲畜身上。第五要注意科学养畜，推行夏秋季节牧草产量高营养好的优势，做到夏秋多养畜，冬春多出栏，加快畜群周转。降低冬春草场压力。

冰雪天气之后，也要采取有效的措施恢复牲畜的正常生活状态，一是要特别注意给牛羊增加精饲料喂量，多喂含能量较高的玉米、麦（麸）等谷物饲料。二是对病畜可根据病情分别进行及时治疗，以控制患畜全身感染。

知识点

我国有没有白灾强度指标?

我国北方和高原牧区冬季经常发生白灾。我国对白灾强度有指标规定，冬春季降雪量分别相当于历年同期平均降雪量的120%、140%、160%以上，或某月降雪量分别相当于历年同期平均降雪量的160%、250%、300%以上，就分别构成了轻白灾、中白灾和重白灾。白灾常发生的地区主要分布在内蒙古的大兴安岭以西和阴山以北的广大牧区、祁连山牧区、北疆的部分牧区、藏北至青海南部一带高寒牧区以及川西高原牧区的西部等地。

■ 黑灾对牧业生产的影响

“黑灾”是指依靠积雪解决冬季牲畜饮水的牧场，当积雪过少或无积雪使牲畜缺乏饮水的灾害。“黑灾”发生年份还为一些传染病的发生与流行提供了条件，严重时造成牲畜大量死亡。我国牧区根据地面连续无积雪的日数，把黑灾分为3个等级：连续无积雪日数在20～40天称轻度黑灾，41～60天称中度黑灾，60天以上为重度黑灾。

牧区要积极防御冬季“黑灾”气象灾害，以确保牲畜安全越冬。防御措施：一是坚持以草定畜的抗灾保畜原则，根据不同地区的饲草贮备和天然草场的情况，对牲畜进行分类，保住基础母畜、种公畜、改良畜和良种畜，其余畜种在冬季前要力争出栏。二是提前做好越冬饲草料的储备和调运工作，保证存栏牲畜的饲料供给。三是推广塑料暖棚养畜等措施，以增强抵御冬季各种气象灾害的能力。四是根据天气预报和当年积雪分布情况，加强牧饲管理，合理进场和转场。五是秋季及时调整畜群结构，冬季加强对传染病、寄生虫病的防治工作，提高畜群抗病抗灾能力。六是有条件的地方打井挖坑、疏渠蓄水，摆脱饮水靠天然积雪的局面。

（三）渔业生产气象灾害防御

■ 我国渔业的现状

我国水域辽阔，从北至南有渤海、黄海、东海、南海四大海区及黑龙江、黄河、长江、珠江、鄱阳湖、洞庭湖、太湖、青海湖、滇池等众多水域，我国四大海域总面积达 470 万千米，内陆水域面积达 17 万千米，可供开发和利用的渔业资源总量非常丰富。改革开放后，我国渔业发展迅速，渔业产值在大农业中的份额由建国初的 0.2%提高至 10%左右，是大农业中发展最快的产业之一。水产品出口 106 亿美元，占农产品出口总额的 26%，连续 9 年位居大宗农产品出口首位。渔业目前已成为农业农村经济中的重要产业。

近些年，我国渔业发展空间不断拓展，已经逐步发展成为集养殖业、捕捞业、加工流通业和休闲渔业等为一体的产业新格局，形成了以黄渤海、东南沿海出口水产品两个优势养殖带和长江中下游优势养殖区为主体的“两带一区”区域布局。目前，我国获取海洋渔业资源的重要途径是捕捞和养殖。而对于淡水渔业资源来说，则主要是通过养殖的方式获取资源。

■ 渔业的气象灾害有哪些

我国渔业生产包括淡水养殖业和海洋渔业。影响我国淡水养殖业的主要气象灾害有暴雨、洪水、夏季高温、梅雨期的连续阴雨天气、冬季寒潮等。

暴雨和洪水天气常常会损害淡水养殖设施，造成的水产生物逃逸，给渔民造成很大的经济损失。

夏季高温也是影响养殖渔业的农业气象灾害之一。遇到高温烈日天气，到了傍晚，由于水层温差的作用，引起水层急速对流，池底的各种有机物耗尽了水中的氧气，上层水的含氧量急剧减低而又得不到补充，整个池塘水体的溶氧都大大降低，会引发泛塘。此外，气温高，水质差，也会影响养殖的水生生物的觅食及蜕皮生长，易造成发病死亡。

梅雨期持续的阴雨天气也会给渔业生产带来不利影响，主要是光照偏少，影响甲壳类虾蟹的生长，还会造成了养殖的水生生物发生病害，气压偏低也容易引起浮头死亡。

关注政府工作

渔业是农业中的“三高”产业，高投入、高产出、高风险。据统计，2009 年全国各类自然灾害造成水产品损失 116 万吨，受灾的水产养殖面积 1 296 万亩，直接经济损失 152 亿元。参加渔业保险是渔民规避或减轻损失的一个良好途径。但我国渔业配套保险服务体系非常滞后，水产养殖户以前基本上没有保险保障。导致这种状况的原因一是海洋捕捞和水产养殖方式的多样性给渔业保险的规模化发展带来困难；二是水产养殖风险高和损失大，给保险公司的经营造成困难；三是渔业保险标的生活在水中，如遇灾害定损比较困难；四是部分投保人的思想素质不高和保险人的技术防范手段不足，道德风险高。商业保险因为赔付比例等原因，在渔业保险中发展非常缓慢。

近几年来，在政府的扶持下，渔业政策性保险的工作得到切实推动，2010 年农业部 1 000 万元专项补贴拉动地方各级财政配套资金近 1.5 亿元，更大范围内的渔民享受到财政补贴的实惠。渔业风险保障体系和制度建设迈上了新台阶，互保会费突破 8 亿元，渔民得到了越来越多实惠的保险保障。

随着我国渔业的迅速发展，政策性保险的力度需不断加大，才能切实保障越来越多渔民的利益。渔业政策性保险的发展,对推动我国渔业可持续发展无疑具有重要和深远的现实意义。

海洋水产业包括沿海养殖和海洋捕捞，由于水面辽阔，受气象和海洋水影响很大，人为可控程度较小。跟气象条件密切相关的灾害主要包括风暴潮、寒潮、大雾、赤潮等。

风暴潮是指由台风或温带气旋引起的海上大风和暴雨，风暴是沿海和近海最严重的自然灾害，可给海水养殖带来极大的破坏，并且极易造成海上作业的船只和人员船毁人亡，带来巨大的生命财产损失。

寒潮天气主要影响浅海区的海洋养殖，为躲避严寒，浅海区的渔场往往要向越冬场转移，在转移的过程中，幼鱼生长期活动能力差，极易受风浪冲击的影响，往往在大风过后大量漂浮死亡。因此寒潮是间接造成幼鱼死亡的一个原因。

大雾天气主要影响人类进行渔业生产，是能见度小于500米的大雾，会造成海上船只迷路、相撞或触礁，造成人员和财产损失。

赤潮是在特定的环境条件下，海水中某些浮游植物、原生动物或细菌爆发性增殖或高度聚集而引起水体变色的一种有害生态现象。引发赤潮的原因专家推断一是因为海洋污染，使海水富营养化，赤潮生物的大量繁殖。二是气象条件和水文条件的影响，水温突然升高、风力较小和海洋盐度化突然变化也是诱因。

■ 如何减轻越冬低温对水产养殖业的影响

越冬管理是北方渔业生产的一个很重要的环节，越冬成活率的高低直接影响来年渔业生产的经济效益。如何做好越冬管理使鱼类安全越冬呢？目前，北方采用的鱼类越冬技术主要是冰下生物增氧越冬的技术，这项技术主要是通过采取各项技术措施，促进冰下水体中的浮游植物的光合作用，释放更多氧气，以满足鱼类的生存需要，提高鱼类越冬的密度和成活率。

越冬管理主要有以下几个措施。一是要注重鱼种的秋季培育。加强秋季管理，投喂质量好的饲料，催壮鱼种。往往体质健壮肥满度大的鱼种越冬成活率高。二是越冬前池塘的清理。就是要清除塘内过多的淤泥，并用生石灰消毒。可采用抽掉大部分塘中水、并用生石灰或漂白粉泼洒的方式，也可在带水的池塘内用生石灰或漂白粉兑水泼洒，1 周后再试水放鱼。三是要选择好越冬用水，调节好冰封前的水质。可排出大部分老水（饲养使用过的水），注入利用江河水、湖库水、泉水、井水等补充的新水。老水中含有丰富的浮游植物，有利于光合作用增氧，也要保留一部分。并要杀灭水中的大型浮游动物，因为大型浮游动物捕食浮游植物，在越冬过程也需耗氧，所以应采取措施杀灭。四是要加强冰封时的池塘管理。要保持塘表面的冰有一定透光率，在积雪天气后及时清扫冰上积雪。如果出现在池水初结冰时，降雪天气造成水面上出现乌冰，要选择晴朗无风天气，打碎乌冰捞出，让水面上重新结一层明冰。还要定期注入新水。如遇水中溶氧大幅度下降时，可向冰下水体补充水产专用肥水。

■ 水产养殖中如何防止高温缺氧等原因造成的泛塘现象

“泛塘”即水生生物缺氧窒息，是水产养殖业的主要灾害之一。夏季气温高，日照剧烈，到了傍晚，由于水层温差的作用，引起水层急速对流，池底的各种有机物耗尽了水中的氧气，上层水的含氧量急剧减低而又得不到补充，整个池塘水体的溶氧都大大降低，鱼虾贝等养殖的水生生物缺氧窒息而死亡，引发泛塘。

夏季淡水养殖业发生浮头泛塘，是普遍存在的问题，可采取以下几项防范措施。一是在冬季清塘时，挖去池底过多淤泥，以起到减少淤泥中水生生物的数量降低耗氧量和增加溶氧空间的作用。二是注意收听天气预报，根据天气情况及时采取增氧措施。如在晴天的午后如有雷阵雨或低气压、闷热的天气，要在中午时分就开启增氧机，以增加水体中的溶氧而避免池鱼浮头泛塘；如遇连日阴雨，要在半夜前后加注新水或开启增氧机，增氧机应一直开至次日白天池鱼不浮头时为止。三是如果没有增氧机设备，又不方便加注新水的池塘，要时常备足增氧剂，一旦发现池鱼严重浮头，应立即施用，进行解救。四是在闷热的夏季、初秋，要合理喂养饵料，适当减少投饵，投饵要避开一天中的高温时段，在日出前和日落后两次投喂，早晨投1/3，傍晚投2/3。鱼虾类生长前期少投，后期多投。五是在高温季节或天气来临前将够上市的鱼类及时起捕上市，减少发生缺氧泛塘的可能。六是在高温季节，鱼虾机体代谢水平下降，加之水体环境恶化，病原生物滋生，容易引起鱼病虾病发生，及早做好防病治病的工作，增强鱼虾类的抵抗力。

我国北方的养殖水面在冬季也常出现鱼类因长期处于冰下缺氧窒息死亡的现象，尤其在中小型水体较易发生，在降雪天气后要及时扫除积雪以改善透光度，并要适时打破冰面搅动水体和定期注入新水，采取各种方式增加水中氧气，减少泛塘的可能。

■ 怎样减轻台风对渔业生产的影响

台风是沿海地区最严重的自然灾害。我国台风主要发生在7～10月，可能侵袭我国从广西到辽宁的沿海省份；在台风频繁发生季节，恰好是适合捕捞作业的季节，也正是养殖季节，从而严重影响渔民的作业生产。我国东南沿海地区相对经济比较发达，人口密度大，社会财富密集度高，同时也是渔业生产集中的地区，台风来临时，强风、暴雨常常会造成在海中捕捞的人船俱毁，即使渔船在港口内，由于台风的破坏力太大，也难免遭受碰撞，翻船等毁坏。

台风天气来临前后，水产养殖业可采取以下防灾减灾措施。首先要密切关注天气预报，在台风来临前，加固看护棚和养殖池埂，保证设施安全。户外生产作业要注意人身安全。其次可在养殖池中施一些厌氧的有益微生物，如光合细菌、乳酸菌、链球菌等，通过这些有益微生物将水中残饵、粪便等有机质迅速降解成二氧化碳、硝酸盐、磷酸盐、硫酸盐等，为池中的植物光合作用提供原料。第三可在池中施放增氧剂，有条件的地区全天可开增氧机增氧，防止台风来临时水中缺氧造成鱼类大量死亡。

台风天气之后，要加强修复设施、水产苗种补放、疾病防治等工作。对于损失轻微的水产养殖区，养殖户要对养殖设施进行全面加固修复，并要及时清除水草等杂物。在灾后水产苗种供应已处于晚期的特点，可以采取逃逸苗种的回捕、向渔民回收苗种、从邻近未受灾地区调进苗种、开展青虾、四大家鱼苗种的秋季繁殖等方式，减少因灾害造成的损失。在灾后也可采用生石灰或消毒剂消毒水体，预防水产生物病害的发生。

相关知识

台风预警信号等级的含义与渔业生产

中国气象局的台风预警信号分四级，分别以蓝色、黄色、橙色和红色表示。各省根据本省台风的情况分级略有不同。台风预警的四级信号的含义和渔业生产防御指南如下：

台风蓝色预警信号

标准：24 小时内可能或者已经受热带气旋影响，沿海或者陆地平均风力达 6 级以上，或者阵风 8 级以上并可能持续。

防御指南：相关水域水上作业和过往船舶采取积极的应对措施，如回港避风或者绕道航行等。

台风黄色预警信号

标准：24 小时内可能或者已经受热带气旋影响，沿海或者陆地平均风力达 8 级以上，或者阵风 10 级以上并可能持续。

防御指南：相关水域水上作业和过往船舶采取积极的应对措施，加固港口设施，防止船舶走锚、搁浅和碰撞。

台风橙色预警信号

标准：12 小时内可能或者已经受热带气旋影响，沿海或者陆地平均风力达 10 级以上，或者阵风 12 级以上并可能持续。

防御指南：相关水域水上作业和过往船舶应当回港避风，加固港口设施，防止船舶走锚、搁浅和碰撞。

台风红色预警信号

标准：6 小时内可能或者已经受热带气旋影响，沿海或者陆地平均风力达 12 级以上，或者阵风达 14 级以上并可能持续。

防御指南：回港避风的船舶要视情况采取积极措施，妥善安排人员留守或者转移到安全地带。

(四) 林业生产气象灾害防御

■ 我国林业产业的现状

林业是指培育和保护森林以取得木材和其他林产品、利用林木的自然特性以发挥防护作用的大农业的行业之一，是国民经济的重要组成部分之一。林业包括造林、育林、护林、森林采伐和更新、木材和其他林产品的采集和加工等。发展林业，除可提供大量国民经济所需的产品外，还可以发挥其保持水土、防风固沙、调节气候、保护环境等重要作用。

我国森林面积逐年增加，每年以200万公顷的速度在增加，林业产业规模不断扩大。据统计，2009年我国林业产业总产值达到1.75万亿元，比2008年增长了21.43%。近几年来，我国已成为世界林产品生产、加工、消费和进出口大国，林产品进出口贸易总额居世界第二位。目前我国林业产业发展为由木材原料产业、人造板业、木浆造纸业、林产化工产业、经济林、森林旅游等多种类型组成的综合林业产业。

根据地理分布和产业类型划分，我国主要林业产业带有以下几个区域：一是东北大兴安岭林区，前些年是国家主要木材生产基地，近几年因为过量采伐，产量减产。二是华北经济林果区，以发展苹果、梨、大枣等特色经济果树林为主。三是南方亚热带和热带材林和经济林并重区，以发展短周期工业原料林、珍贵用材林和热带亚热带果树林为主。四是云贵高原林区，以发展特色经济林为主，南部自然条件优越的地区珍贵用材林、工业原料林、速生丰产林等多种林业产业类型全面发展。五是西北林区，以发展特色经济林为主。六是青藏高原区，重点是发展生态保护林。

■ 我国林业气象灾害有哪些

我国东北、西北、华北、南方和云贵高原均有森林或果林分布，主要的灾害类型有冻害、雪灾、干旱、大风冰雹和日灼等，各个区域气候不同，经常遇到的气象灾害也不尽相同。

林业相关法律和文件

法律：《中华人民共和国森林法》

文件：《中共中央国务院关于加快林业发展的决定》

冻害是冬季各地林木都有可能发生的灾害。强烈的降温可能造成耐寒力较差的树木受冻，尤其是林木的向阳面，遇到冬季的昼夜剧烈变温时，引起枝叶受冻，甚至树干出现纵向冻裂，虽然一般不会引起树木的直接死亡，但林材产量品质均会受到影响。

雪灾是冬季的一种常见农业气象灾害，雪量不大时，可补充林地水分，对林木生长有利，但遇严重雪灾，会造成枝叶弯曲、折断，幼树或南方枝干较纤细的树可导致枝干折断。

干旱是各个林区均可能遇到的气象灾害，耐旱力强的林木，短期的干旱会森林的影响不大，一些耐旱力较弱的树种，常因水分不足造成生长缓慢，严重时出现凋萎，枯死现象。且因干旱容易引发森林火灾，给森林资源造成巨大的损失。

冰雹是春季南方各个林区和夏季北方林区常发生的气象灾害，可以使林木枝叶损伤，果实脱落，所造成的伤口易被病虫侵染，使病虫害加剧。大风除也可使林木造成机械损伤外，还能加速树体的蒸腾和土壤水分的蒸发，加剧干旱的危害程度。

日灼是林木受高温干旱和强烈的阳光辐射，共同导致林木被灼伤的灾害。夏季由于高温加上阳光暴晒，果粒、叶片或枝干蒸腾量大，水分失调，就会受到灼伤。夏季雨后或久旱遇雨或久雨突晴的西向或西北向果园易发生日灼。

雨凇害是指过冷却雨水在林木表面凝冻而成冰层（雨凇）。雨凇害多在南方的山区出现，常较多凝聚在树木的迎风面，因重力作用使枝干弯曲，严重时折断，甚至根倒。

■ 怎样防御林木、果树冻害

冬季各个林果区都可能受冻害的危害，高寒地区、疏林地、孤立木、林缘树受害更重。受冻后，轻则损害树冠绿叶层，叶片凋萎、脱落、枯梢，造成不同程度的减产；重则损害枝干，造成大枝、主干的皮层开裂或冻后发生树脂病，导致枝干严重受伤以至整株死亡。

预防和减轻林木受冻害的威胁，可采取以下措施对于大规模用材林，可利用对冻害不敏感的耐寒树种作林墙，对易出现冻裂的林木可适当密植。对于庭院的树木及行道树，可在入冬前用草绳包扎，防寒防冻。减轻和防御果园冻害，主要有以下几个措施：一是冻前灌水，可以利用热容量大的特点，保持土温减少冻土深度，增加果园的空气湿度，减少地面热辐射，能显著地减轻冻害程度。二是在地形适宜的果园地方也可采取烟雾防冻法。要及时听取气象预报，掌握好防冻时间，在冷空气来临时燃放可燃物，熏烟防冻；果园熏烟防霜，可以减少地面热量的散失。三是冻前利用不同的覆盖物覆盖于植株上，既可抵挡风霜直接侵袭，又可防止夜间地面辐射，保护树体温度。此项措施用于苗圃地与幼树抗寒，效果很好。四是在根系及根颈周围培土，可以加厚土层，改良土壤，减少土壤水分蒸发，提高土温，保护根系及根颈安全越冬。培土的数量以根系不外露，盖住根颈为标准。五是喷施抑蒸保温剂。低温来临前，于柑橘树冠喷施抑蒸保温剂，可以抑制叶片水分蒸腾，减少树体热量散失，减轻冻害损失。还可以采取树干涂白的方式，利用白色石灰的反光作用，减低晴天吸热，缩小昼夜温差，防止受冻裂皮，并有防治病虫作用。

■ **怎么减轻林木日灼的危害**

日灼按照影响的部位划分可以分为四个类型，一是叶片日灼，主要指强烈辐射使叶组织灼伤，破坏叶绿素，造成叶片失水枯黄。二是表皮日灼，受日灼后的树皮呈斑点状伤或片状脱落。三是枝干日灼，经常发生在寒冷地区的冬末春初，昼夜温差大，幼树根颈受冷热的剧烈变化的刺激，枝干根颈灼伤。四是果实日灼，常发生在果实生长期，果实表皮温度过高，皮层细胞受热坏死，果实上出现褐色或紫色陷斑，严重时果皮爆裂。

由于日灼病是高温干旱和强烈日照共同导致的林木受害，减灾的措施围绕遮蔽阳光、降低温度和增加水分进行。主要有以下几个措施减轻日灼的危害。一是科学修剪，使枝叶比例适当，留有部分营养枝，形成一定的荫蔽度以减少阳光直射。二是搞好疏果疏花，去掉无叶花、少叶花和病叶花和易日晒的幼果，保留充分养分供应其他果实生长。三是适时灌水。在盛夏高温热害来临前适时对果园进行灌溉，或在阳光直射暴晒时，向树体阳面，间歇性喷水，以促使果园降温增湿，改善果园小气候。四是松土覆盖，旱地果园盛夏要多进行果树行间的中耕松土，减少土壤水分蒸发。同时利用秸秆或青草覆盖树盘，提高果园土壤蓄水、保水能力，减轻果园高温危害。五是检查套袋，当大于35℃的高温热害天气出现时，要加强对套袋果园，尤其是果袋质量差的果园进行检查，适时通气，促进空气流通，缓解日烧危害。

相关知识

森林火险气象等级的含义及分级方法

主要考虑天气和气象要素的变化对森林可燃物易燃性的影响，依此为依据划分的火险等级，称之为森林火险气象等级。制作和发布火险气象等级的预报称为森林火险气象等级潜势预报。

目前中央气象台业务上预报的森林火险气象等级有五级。

一级气温偏低，相对湿度大，林区潮湿而不易燃烧。无火险，不易发生火灾。

二级气温不高，相对湿度较大，林区较潮湿而难燃烧。属低级火险，由火种引起的火灾燃烧后蔓延也很慢。

三级气温较高，湿度不大，林区较干燥，有利起火，可蔓延。属中级火险，易引起火灾且蔓延较快。

四级气温高，湿度小，风力大，林区干燥，有利起火，容易蔓延。属高级火险，易引起火灾且蔓延较快。

五级气温高，湿度很小，风力小，林区干燥，极易起火，蔓延迅速。属特级火险，极易引起火灾且蔓延特快。

■ 森林火灾的发生条件是什么

森林火灾是世界上最重要的自然灾害之一。森林在自然温度下不会起火，从森林火灾的直接原因来看，绝大部分是人为造成的，少部分是由于雷击引发了火灾，雷击起火只占中国森林火灾的1%。虽然起火的直接原因不是气象要素，但一般火灾的高发季节，跟气候条件密切相关。世界上的森林火灾，大多发生在旱季，中国以春秋冬三季为主。北方春季因干旱少雨多风，气温回升快，空气干燥，火灾最严重和频繁。

影响火灾的气象因素包括湿度、气温、降水、风速等。高温、干燥是易于成灾的重要气象条件，也是关键因素。当空气湿度小于60%时，就有发生森林火灾的可能。而空气温度越高，可燃物中水分蒸发和变干的速度越快，火灾发生的可能性就越大。空气温度还可能影响可燃物的着燃性，还会促使火势更加猛烈。

长期降水偏少，也是容易使森林火险提高的一个原因。可燃物的含水量不断下降，森林火灾的危险性也随之提高。

风力的大小与森林火灾的发生关系尤为密切。在风的作用下，森林可燃物更易干燥，特别是旱风或焚风会迅速提高森林易燃性；风还可以影响森林草原大火蔓延的方向、速度、燃烧强度；风也可提供更多氧气，能助燃并扩大可燃物的受火面积。

二、农业生产与生物灾害防灾减灾

（一）农业生物灾害的概念及特点

■ 什么是农业生物灾害

生物灾害是指由于人类的生产生活不当、破坏生物链或在自然条件下的某种生物的过多过快繁殖（生长）而引起的对人类生命财产造成危害的自然事件。农业生物灾害指以农业为承灾体或为危害对象的生物灾害，是农业生产灾害的重要组成部分。从其成因上大体可分病害、虫害、农田杂草和鼠害等几大类。

■ 我国农业生物灾害有哪些特点

1. 种类多、发生广、影响大、爆发频率逐步升高　中国是世界上农业生物灾害频繁发生的国家之一，每年发生的生物灾害 1 700 多种，其中重大生物灾害 100 多种。据统计，从 1949—2006 年，全国重大农业生物灾害发生面积由 1.82 亿亩次上升到 69.05 亿亩次，近 5 年年均发生面积超过 63 亿亩次。无论是水稻、小麦、玉米、大豆等主要粮食作物，还是蔬菜、果树等园艺作物的生物灾害都呈加重态势。

2. 危害性加强，有潜在抗性爆发的趋势　监测表明，全国总共有 500 多种有害生物对常用农药产生不同程度的抗性。在南方稻区，稻褐飞虱对吡虫啉产生了中、高度抗性；在安徽等地，有2%～7%的赤霉菌菌株对多菌灵产生了抗性；在部分棉区，棉铃虫对Bt棉的抗性等位基因频率由0.6%上升至2%～8%，此外，有关地方还监测到，草地螟对常用药剂也产生了不同程度的抗性。

3. 链式特征突出　农业生物灾害由过去对经济社会影响的点式发展为链式，显现出明显的链式特征，往往形成一灾连发或众灾群发，这种情况必然加重灾害的危害性。

4. 人为性　生物灾害从宏观上看，属于自然灾害的范围，但它的发生与最终造成的危害又同人类的行为有密切关系。例如：农产品调运时可以把多种病虫草的种子、卵、幼虫等调到其他地区，也就是说，灾源受人类活动影响很大。外来物种入侵现象也很严重，随着我国加入WTO后贸易量的剧增，每年都有新的检疫性有害生物种类发现，并以每年1～2种的速度增加。

此外，农业生物灾害还具有可预测性和可预防性、属于农田生态系统的组成部分等特征。

（二）农业病害及其防灾减灾

■ 我国常见的农业病害有哪些

我国常见的农作物有50多种。其中水稻、小麦、玉米、棉花、大豆是最主要的农作物，其次，甘蔗、甜菜、花生、烟草和麻类作物在农业生产中也占有非常重要的地位。

据文献记载，迄今全世界已发现的水稻病害有240多种。我国已发现50多种，发生普遍，危害严重的有下列11种：稻瘟病、水稻白叶枯病、水稻纹枯病、胡麻叶斑病、恶苗病、鞘腐病、绵腐病、黄萎病、普通矮缩病、黑条病、赤枯病，其中稻瘟病、白叶枯病和纹枯病被列为影响我国水稻生产的三大病害。

我国小麦病害有50多种，发病普遍而严重的有小麦锈病、白粉病、赤霉病、小麦黄矮病、根腐病、黑穗病，其次，小麦全蚀病、土传小麦病毒病、小麦线虫病在局部地区也相当严重。

危害玉米生产的病害约40种，主要的有玉米大斑病、玉米小斑病、玉米丝黑穗病、玉米黑粉病和玉米矮花叶病，其次有纹枯病、褐斑病、青枯病、茎基腐病、炭疽病和霜霉病。

危害棉花的病害有40多种，最主要的是棉花枯萎病、棉花黄萎病、其次有棉花苗期的炭疽病、红腐病和立枯病。

大豆病害中发生最普遍的是大豆病毒病、其中包括大豆花叶病、黄色花叶病、顶枯病、豆类斑驳病及矮化病。东北三省的大豆胞囊线虫病、江南地区的大豆锈病也是大豆生产的主要病害。

花生病害主要有花生根结线虫病、茎腐病、青枯病、锈病、花叶病。甘蔗病害中甘蔗凤梨病、黑穗病危害最严重。

甜菜病害中褐腐病、黑腐病、立枯病和蛇眼病造成苗期缺苗断垄，褐斑病、白粉病、黄化病影响成株期甜菜的产量和品质。

烟草主要病害有黑胫病、青枯病、普通花叶病、黄瓜花叶病、白粉病。

麻类作物病害主要有黄麻炭疽病和黄麻枯腐病、黄麻、红麻根结线虫病、红麻炭疽病等。

■ 农业病害有什么危害

病害最主要的危害就是造成植株生长不良甚至死亡，造成农业减产或农产品品质下降。植物感染病害后通常表现出变色、坏死、腐烂、萎蔫、畸形等。

对各类作物病害，按在生产上发生危害的重要性和主次，分为一类、二类和三类病害。一类病害指生产上发生比较普遍，并且造成严重的经济损失；二类病害指在局部范围发生危害，在生产上造成一定的经济损失；三类病害指在生产上虽然发生较为普遍，但一般不引起明显的经济损失。

■ 怎样防治农业病害

1. 选择抗病品种　提高作物的抗病性是农业生

相关知识

防治小麦锈病有哪些有效的方法?

因地制宜，种植抗锈丰产良种。由于大多数抗病品种都是针对锈菌中一个或几个小种有抗性、容易因锈菌小种组成变化而丧失抗病性。所以，在种植抗病品种的同时，应注意抗病品种的合理布局，使抗锈品种保持持久的抗病性。

加强栽培管理。如调整播种期。在秋苗容易发生条锈病和叶锈病的地区，避免过早播种。在杆锈病流行区，适当早播可以提早小麦成熟，可以减轻后期受害。

药剂防治。对条锈病来说，应选择产量水平较高，发病较早或发病虽较晚但晚熟的感病品种麦田，作为重点防治对象。对于杆锈病，应选择晚播，产量水平较高的高感品种麦田，作为防治对象。

产永恒的科学主题，抗病育种的历史证明，选育和使用抗病品种防治农作物病害是最经济有效的措施。

2. *合理耕作，改善栽培管理*　根据实际情况，总结经验，采取合理的耕作方式，使是降低病害的途径之一。旱坡地通过深耕深翻，增施有机肥料，搞好排水系统，创造一个不利于病菌而有利于植株生长的土壤条件，可增强植株的抗性。

3. *药物防治*　农药可以用来杀灭昆虫、真菌和其他危害作物生长的生物。针对不同的病菌，有不同的农药品种。但农药会对人体健康造成危害，施用后还会有残留，因此使用农药要慎重小心，严格按照使用说明进行施用，控制用量，注意用法。

（三）农业虫害及其防灾减灾

■我国常见的农业虫害及其危害有哪些

严重威胁我国粮、棉、油及蔬菜生产的害虫有：

蝗虫类：包括飞蝗和土蝗。飞蝗是我国数千年来农业生产上最严重的自然灾害之一，大发生时造成广大农田颗粒无收，故有“君临天下，谈蝗色变”的说法。土蝗是指除飞蝗以外的其他蝗虫种类。我国土蝗种类多、分布广、食性杂。有些地区对农牧林业的危害极为严重，造成粮荒和草荒。

水稻螟虫：包括三化螟、二化螟、大螟、台湾稻螟和褐边螟五种。水稻螟虫是历史上仅次于蝗虫的第二大害虫，历史记载的螟灾有50次之多，水稻螟虫蛀食造成水稻枯心和白穗。

黏虫：黏虫也是我国历史上农业生产的重大自然灾害，公元5世纪就有黏虫危害成灾的记载。黏虫食性很杂，主要危害农作物中的麦类、稻、玉米、高粱、谷子、糜子，大发生时也危害豆类、棉花等。

金龟子类：危害农作物主要是金龟子幼虫，称蛴螬。我国农林业重要的金龟子种类有50多种，但不同地区的种类和优势种不同。蛴螬常使花生、大豆、玉米、高粱、小麦等植物严重受害。作物受害后不仅产量和品质受到影响，严重时常造成毁灭性灾害。

蝼蛄类：我国有四种蝼蛄，危害严重的有非洲蝼蛄和华北蝼蛄，前者在南方危害较重，后者在北方较重。蝼蛄危害多种作物刚发芽的种子、幼根和嫩茎。是造成作物缺苗断垄的大害虫。

金针虫类：金针虫为叩头甲的幼虫。金针虫食性很杂，主要危害麦类、玉米、高粱、谷子、马铃薯、豆类、棉花等作物的种子及地下部分。

地老虎类：地老虎是危害农作物的大害虫之一。国内已知种类有近20种，严重危害农作物的有小地老虎、黄地老虎和大地老虎三种。地老虎危害多种作物幼苗，大发生时造成严重缺苗断垄，甚至毁种重播。

水稻飞虱类：包括褐飞虱、白背飞虱、灰飞虱三种。稻飞虱在我国大发生年较多，危害严重。

稻纵卷叶螟：是水稻生产的重要害虫，近年来危害加重。

小麦吸浆虫：是我国长江和黄河流域的主要产麦区的毁灭性害虫。

蚜虫类：麦蚜，是造成小麦虫灾的主要害虫之一；高粱蚜，是高粱的毁灭性害虫；棉蚜，是棉花苗期和蕾铃期的重要害虫；大豆蚜，是大豆上的重要害虫，大发生年如防治不及时，轻则减产20%～30%，重则减产50%。

红蜘蛛类：包括危害小麦的麦长蜘蛛和麦圆蜘

蛛，危害棉花的棉红蜘蛛。

玉米螟：是严重影响玉米丰产和造成玉米品质下降的重大害虫。

棉红铃虫和棉铃虫：是棉花蕾铃期的两大重要害虫，造成棉花蕾铃脱落，使棉花产量和质量严重降低。

大豆食心虫和豆荚螟：是大豆籽粒的重要害虫，前者在北方，后者则主要在我国中部，造成大豆严重减产和品质下降。

温室粉虱：是我国北方蔬菜上的大害虫，严重时可使作物减产40%～60%。

相关知识

如何防治蝗灾?

化学防治措施有：超低容量喷雾，包括地面机械和飞机超低量喷雾。毒饵治蝗，选用蝗虫喜欢吃的东西，里面掺上农药，引诱蝗虫取食中毒死亡。用于防治蝗虫的毒饵有两大类：一是麸皮、谷糠掺药剂制成；另一种是用鲜嫩的禾本科或莎草科杂草拌药剂制成。地面喷药治蝗，所用药剂有敌百虫粉剂、敌敌畏粉剂和马拉硫磷粉剂。

生物防治方法有：牧鸡治蝗，这是蝗区农民常用的办法之一。蝗虫微孢子虫治蝗，美国已工厂化生产蝗虫微孢子虫用于防治蝗虫。在我国，中国农业科学院植物保护研究所对我国的蝗虫微孢子虫的研究和应用也已取得了重大进展，不久将成为蝗虫生物防治的重要措施。

■ 怎样防治农业虫害

1. 药物防治 治虫药物的有效杀虫效果，对于压低害虫危害程度，保证农作物的丰产丰收起了积极的作用。但随着农药品种及数量的增加和无限制地使用农药，导致了一系列令人忧虑的问题：引起害虫抗药性，农药的效能降低，农业生产成本增加；杀伤天敌，破坏了生态平衡，引起重要害虫的再猖獗和次要害虫的大暴发；污染环境，产生残毒，使很多鸟类及其他野生动物面临灭绝，人类的生存环境恶化。

2. 生物防治 害虫天敌，包括昆虫、蜘蛛、其他捕食性动物和病原微生物，是害虫最重要的自然抑制力量。生物防治法不但能有效地控制害虫，而且能减少污染，降低农药残留量，降低农业生产成本。同时，生物防治对害虫具有很长的控制效果，有的还能到一劳永逸，成为害虫综合治理中一项很重要的措施。

（四）农业鼠害及其防灾减灾

■ 鼠害有哪些危害

鼠类繁殖次数多，孕期短，产仔率高，性成熟快，数量能在短期内急剧增加。它的适应性很强，除南极大陆外，在世界各地的地面、地下、树上，水中都能生存，不论平原、高山、森林、草原以致沙漠地区都有其踪迹。鼠类为杂食性动物，农作物从种到收全过程中和农产品贮存过程中都可能遭受其害。害鼠啃食植株，在地下打洞，危害植物根系，使农业减产，森林草地遭到破坏。在林业上，害鼠啃咬成树、幼树苗，伤害苗木的根系，从而影响固沙植树、森林更新和绿化环境。在牧业上，害鼠大量啃食牧草，造成草场退化、载畜量下降、草场面积缩小。

此外，鼠类还是流行性传染病的潜在宿主，直接威胁着畜牧业的安全。鼠类有终生生长的门齿，具有很强的咬切力，它们也能对农业建筑物和一些农田水利设施造成很大危害。

■怎样防治鼠害

1. 生物防治　主要是保护和利用天敌，也可利用对人畜无害而仅对鼠类有致命危险的微生物病原体。应加保护的鼠类天敌在哺乳类中有黄鼬（黄鼠狼）、艾虎（艾鼬）、香鼬（香鼠）、狐狸、兔狲、猞猁、野狸和家猫等，鸟类中有长耳鸮、短耳鸮、纵纹腹小鸮等猫头鹰类，爬行类动物中主要是各种蛇类等。为此需注意保护天敌。

2. 化学防治　主要是使有毒物质进入害鼠体内，破坏鼠体的正常生理机制而使其中毒死亡。效果快、使用简便、广泛用于大面积灭鼠时能暂时降低鼠的密度和把危害控制在最小程度。缺点是一些剧毒农药能引起二次甚至三次中毒，导致鼠类天敌日益减少，生态平衡遭到破坏；在使用不当时还会污染环境，危及家畜、家禽和人的健康。

3. 物理防治　主要利用器械灭鼠。多用于仓库、畜舍、野外动物调查等方面，常用的器械有鼠铗、鼠笼、绳套、压板、水淹、刺杀等。电流击鼠效果较慢，常用作辅助工具。

4. 生态防治　主要是破坏和改变鼠类的适宜生活条件和环境，使之不利于鼠类的栖息和繁殖，并增加其死亡率。常用的田间措施有合理规划耕地、精耕细作、快速收获、减少田埂和铲除杂草、冬灌和定期翻动草垛等。室内措施包括设置防鼠设施以保管食品，断绝鼠粮，经常打扫和变动一些物品的位置，发现鼠窝立即捣毁和堵塞等。

此外，不孕剂和动物外激素以及超声波驱鼠等灭鼠方法也已开始试用。中国还用鼠类外激素如尿液等作为性引诱剂，与毒饵或其他捕鼠工具相配合进行灭鼠。

（五）农田草害及其防灾减灾

■ 农田草害有哪些危害

农田杂草由于长期的自然选择，具有顽强的适应性。杂草根系发达，能够吸收大量的水分养分，使土壤肥力无效地被消耗，减少了土壤对农作物水分养分的供应。同时，杂草占据农作物生长发育的空间，降低农作物的光能利用率，影响光合作用，抑制作物生长。杂草还使田间郁蔽，给害虫产卵繁殖提供了丰富食料、产卵的场所和繁殖为害的条件，给病害蔓延提供了适宜的环境，扩大了病虫基数，加重了为害，素有“杂草不灭、病虫不绝”的说法。此外，杂草滋生，增加了大田用工，提高了农业生产成本，给农业带来极大损失。

■ 怎样防治农田草害

1. 使用除草剂　除草剂是可使杂草彻底地或选择地发生枯死的药剂。除草剂目前在我国越来越得到了广泛的使用。由于很多除草剂均具有残留影响，所以在农田中应用存在风险。此外有些除草剂，例如氯酸钠、硼砂、砒酸盐、三氯醋酸对于任何种类的植物都有枯死的作用，所以不能应用于田地中。世界除草剂发展渐趋平稳，主要发展高效、低毒、广谱、低用量的品种，对环境污染小的一次性处理剂逐渐成为主流。

2. 中耕除草　中耕除草是传统的除草方法，安全无污染。生长在作物田间的杂草通过人工中耕和机械中耕可及时防除杂草。中耕除草针对性强，干净彻底，技术简单，不但可以防除杂草，而且给作物提供了良好生长条件。在作物生长的整个过程中，根据需要可进行多次中耕除草，除草时要抓住有利时机除早、除小、除彻底，不得留下小草，以免引起后患。人工中耕除草目标明确，操作方便，不留机械行走的位置，除草效果好，不但可以除掉行间杂草，而且可以除掉株间的杂草，但方法比较落后，人力成本太高，目前在我国农村的使用越来越少。机械中耕除草比人工中耕除草先进，工作效率高，但灵活性不高，一般在机械比程度比较高的农场采用这一方法。

相关知识

怎样正确使用除草剂减轻农田危害?

正确使用除草剂，首先要根据作物和杂草的种类选择适当的除草剂。不同的除草剂对不同的作物和杂草的作用是不同的。如2，4-D、二甲四氯，对小麦、玉米等禾本科作物是安全的，但能使灰菜、荠菜等双子叶杂草中毒受害死亡。杀草丹是水稻田中杀稗草的良好除草剂，对多年的三棱草等无效。还要弄清楚什么作物只能用哪些除草剂，不可搞错。如二甲四氯在稻田的除草效果很好，对作物也安全，若用于棉花、大豆、蔬菜等阔叶作物上就会杀死作物。环境条件对除草剂的药效发挥有很大影响，必须选择和创造有利于发挥除草剂药效的环境条件。

（六）动物疫病及其防灾减灾

■ 常见的动物疫病及其危害有哪些

动物疫病，是指动物传染病、寄生虫病。动物疫病对动物身体健康造成严重危害，有些疫病会在动物间引起大范围的传播和动物死亡，给畜牧业造成重大经济损失；有些疫病还会在动物与人之间传播，给人体健康造成极大危害，甚至引发人类传染病。

根据《中华人民共和国动物防疫法》，需要采取紧急、严厉的强制预防、控制、扑灭等措施的为一类疫病。可能造成重大经济损失，需要采取严格控制、扑灭等措施，防止扩散的为二类疫病。常见多发、可能造成重大经济损失，需要控制和净化的为三类疫病。

其中，共列出一类疫病17种，包括：口蹄疫、猪水泡病、猪瘟、非洲猪瘟、高致病性猪蓝耳病、非洲马瘟、牛瘟、牛传染性胸膜肺炎、牛海绵状脑病、痒病、蓝舌病、小反刍兽疫、绵羊痘和山羊痘、高致病性禽流感、新城疫、鲤春病毒血症、白斑综合征。二类疫病77种，其中包括多种动物共患病的9种、牛病8种、绵羊和山羊病2种、猪病12种、马病5种、禽病18种、兔病4种、蜜蜂病2种、鱼类病11种、甲壳类病6种。三类疫病63种，其中包括多种动物共患病的8种、牛病8种、绵羊和山羊病6种、猪病4种、马病5种、禽病4种、蚕、蜂病7种、犬科等动物病7种、鱼类病7种、甲壳类病2种、贝类病6种、两栖与爬行类病2种。

■ 怎样防治动物疫病

1. 狠抓免疫工作　国家对动物疫病实行预防为主的方针，从狠抓免疫工作入手。各地要按照重大动物疫病免疫方案，结合本地实际，制定免疫实施方案，精心组织、周密部署，开展集中免疫工作。重点做好禽流感、口蹄疫、高致病性猪蓝耳病和猪瘟等疫病的强制免疫工作。

2. 做好感染牲畜的消毒灭源工作　对于感染了传染病的禽畜，要及时进行扑杀和无害化处理，控制疾病的传染蔓延。对于野外发现的动物尸体等也要进行无害化处理。对病死畜禽不准宰杀、不准食用、不准出售、不准转运，病死动物按规定要及时采样检测。

3. 加强饲养管理　《中华人民共和国动物防疫法》规定：个人捕获野生动物要检疫后才能饲养。动物饲养场等设施要与居民生活区、饮用水源、学校、医院等保持一定距离，要有相应的污水、污物、病死动物、染疫动物产品的无害化处理设施设备和清洗消毒设施设备，有为其服务的动物防疫技术人员，有完善的动物防疫制度；具备国务院兽医主管部门规定的其他动物防疫条件。单位和个人发现动物染疫要立即报告，接到动物疫情报告的单位，应当及时采取必要的控制处理措施，并按照国家规定的程序上报。

（七）控制农业生物灾害的政府职能分析

■ 为什么要实施动植物检疫防疫

签于不同国家生物灾害发生的种类和情况是不同的，为防止有些生物灾害从其发生国（或发生地）传入到未发生国（或未发生地），并扩散蔓延造成灾害，各国政府都非常重视动植物检疫工作，动植物检疫是政府控制生物灾害的基本职能之一。

新中国成立以来，国务院及所属各有关部、委、办以及地方发布的对内、对外动植物检疫法规已有100多项。尤其是国务院1992年开始实施的《中华人民共和国进出境动植物检疫法》以及1997年施行的《中华人民共和国进出境动植物检疫法实施条例》，对我国进出境动植物的检疫进行了详细的法律规范。同时，我国在重要的国境口岸设立了动、植物检疫所，在省、地、县各级成立了动植物检疫防疫站，组成了全国性的动植物检疫防疫网络，运用科学技术方法，依照法规对境内及进出境的动植物及其产品实施检疫防疫，有力地防止了国外危险性生物灾害的传入，控制了国内多种局部发生的危险性生物灾害的蔓延传播，保护了农民的根本利益，保护了农业生产的发展。

■ 为什么要进行农业生物灾害监测预警体系建设

农业有害生物监测预警是植保工作的基础，肩

相关知识

检疫处理的主要方式:

《中华人民共和国进出境动植物检疫法》第十六、十七条规定:

输入动物，经检疫不合格的，由口岸动植物检疫机关签发《检疫处理通知单》，通知货主或者其代理人作如下处理:（一）检出一类传染病、寄生虫病的动物，连同其同群动物全群退回或者全群扑杀并销毁尸体；（二）检出二类传染病、寄生虫病的动物，退回或者扑杀，同群其他动物在隔离场或者其他指定地点隔离观察。输入动物产品和其他检疫物经检疫不合格的，由口岸动植物检疫机关签发《检疫处理通知单》，通知货主或者其代理人作除害、退回或者销毁处理。经除害处理合格的，准予进境。

输入植物、植物产品和其他检疫物，经检疫发现有植物危险性病、虫、杂草的，由口岸动植物检疫机关签发《检疫处理通知单》，通知货主或者其代理人作除害、退回或者销毁处理。经除害处理合格的，准予进境。

负着为政府决策提供依据和为防控工作提供情报信息指导的重任。改革开放30年来，我国农业有害生物监测预警事业发展，不仅建立健全了国家、省、地和县四级测报网络，而且制定了测报办法，改进了信息传递手段，研究提出了测报技术。长期以来，各级病虫害测报部门对各地病虫害的发生情况进行系统监测，积累了大量资料，这些监测资料作为重要的基础性数据，用于病虫害的预测预报和指导防治。2009年，在农业部种植业管理司的高度重视和支持下，全国农业技术推广服务中心启动了农作物重大病虫数字化监测预警系统，一个“准确、迅速、高效”的病虫数字化监测预警体系已初步建成，在服务病虫科学防控和保障国家粮食生产安全中发挥着更加重要的作用，对我国粮食安全生产发挥了重要的作用。

■ **为何要组织农作物病虫害统防统治**

农作物病虫害专业化统防统治，是全面提升植保工作水平的有效途径，是保障农业生产安全、农产品质量安全和农业生态安全的重要措施。据粗略统计，实行病虫害专业化统防统治，可提高防治效果 10 个百分点，每季可减少防治 1～2 次，亩均节约投入成本 35 元，平均每亩可减少粮食损失 30 千克，每亩可为农民增收节支 100 元左右；同时对降低农药使用风险、净化农药市场、减少环境污染，提升农产品质量安全水平意义重大。

对于迁飞性、大区流行性的病虫害或突发性、暴发性的病虫害，政府要有组织地进行统防防治，将病虫控制在虫源地或菌源地，使之既在当地不造成大的危害，同时又防止病虫迁飞、传播至迁入地造成大面积为害。此外还有蝗虫的防治，对草地螟、棉铃虫、小麦条锈病、稻瘟病等，政府应该投入力量，加强防治、控制为害。

行业动态

农作物病虫害专业化统防统治示范活动

2010年，为贯彻中央1号文件关于“大力推进农作物病虫害专业化统防统治”的精神，农业部在全国组织开展农作物病虫害专业化统防统治示范活动。在全国创建100个专业化统防统治示范县，当年每个县实施全程承包统防统治5万亩以上，力争三年内实现主要作物重大病虫害专业化统防统治全覆盖；在1 000个县建立专业化统防统治示范区，当年每个县示范面积1万亩以上，力争三年内主要作物重大病虫害专业化统防统治覆盖率达到30%；全国扶持发展1万个规范化的专业化防治示范组织。通过实施专业化防治“百千万行动”，辐射带动全国主要农作物病虫害专业化统防统治覆盖率提高3~5个百分点。进一步提升农作物重大病虫灾害防控能力，实现农药减量控害和农产品安全目标。

■ 我国对于农药管理有哪些政策措施

如前所述，施用农药是控制农业生物灾害的普遍手段，但农药的使用存在很多弊端，基于此，政府应该对农药的生产、销售和使用等进行严格管理。政府在抓好农药安全使用的同时，也要抓好农产品农药残留监测、土壤和水资源的农药残留监测，确保人们的身体健康和生命安全。

为了加强对农药生产、经营和使用的监督管理，保证农药质量，保护农业、林业生产和生态环境，维护人畜安全，我国颁布了《农药管理条例》及《农药管理条例实施办法》，《农药管理条例》规定国家实行农药登记制度，对农药生产、农药经营、农药使用及违法罚则进行了规范。

同时，为加强对进出口农药的监督管理，农业部和海关总署2006年12月31日发布《中华人民共和国进出口农药管理名录》，并于2007年对名录进行了调整。

2011年1月，农业部种植业司和农药检定所在黑龙江省哈尔滨市召开全国农药管理工作座谈会，对2011年和“十二五”农药管理工作进行了重要部署。会议强调，“十二五”农药管理工作将着力于进一步推进农药管理的法制化、规范化、标准化和信息化建设，全面提升风险管理能力、应急处置能力、技术评审能力、信息服务能力和国际合作能力，着力构建适合我国国情的农药管理法律法规体系、登记评审体系、执法监督体系、科学用药体系、技术支撑体系和应急管理体系“六大体系”。农药质量和标签合格率、农药残留监测合格率稳步提升，农药残留标准体系进一步完善，产品结构进一步优化。

三、农业生产与环境灾害防灾减灾

■农业生产中的环境灾害有哪些，对农业有哪些影响

农业环境是指农业生物赖以生存的土壤、大气、

水源、光和热等自然环境，以及农业生产者劳动与生活的自然环境。一般来说，农业环境方面的灾害主要有大气环境类、土壤环境类、水环境类和生物环境类等方面的灾害。

大气环境类灾害主要有沙尘暴、紫外辐射增强、近地层臭氧增加、酸雨等。如，大风与沙尘暴伴随发生沙埋农田、风蚀土壤、作物折断和牲畜伤亡。过量的紫外辐射使植物叶片变小、干物质积累降低，影响作物的产量；酸雨可直接或间接伤害植物，使作物叶片受害，长期酸雨危害还可造成森林衰亡，并诱发各种病虫灾害频繁发生，也可致使森林大片死亡。

土壤类灾害主要有水土流失、沙化、土壤重金属污染、土壤农用化学物质污染、盐碱等。水土流失、沙化导致农田面积减少、土壤瘠薄等；农田土壤重金属污染使其不能种植作物；另据研究，我国化肥流失量约占使用量的40%左右，引起硝酸盐积累和水体富营养化；农药在大气中扩散和流失及部分农畜产品中残留也较严重；地膜年残留量近千吨，对农业有很大影响。

水环境灾害主要为：有毒有害污染物、水体富营养化、泥沙含量高等。有毒有害污染物危害从类型上分为延缓型和突发型两类，延缓型主要指由于生产或生活向自然环境中排放有毒有害污染物，如

DDT、重金属等，这些物质随着生态系统的物质循环如食物链等复杂过程，不断迁移、转化、积累和富集，最终形成污染灾害，危害到农业生产。此外，水体富营养化、泥沙含量增加、水质遭到破坏，从而影响渔业生产和畜牧业生产；突发型指由于有毒有害污染物大量泄露进入水体，严重危及水产养殖业、畜禽饮水和作物灌溉等，造成农业受损。

生物环境灾害主要有动植物病虫害、生物多样性锐减、植被破坏等。鼠、虫害是影响农业种植业和养殖业的主要生物灾害；生物多样性锐减导致生态平衡失调，造成整个生态系统功能和生态恢复能力下降，甚至导致整个系统的崩溃。

总之，农业环境方面的灾害主要是造成作物、森林、畜牧和水产养殖、捕鱼业等不能正常进行，减产或局部绝收，农产品品质降低，经济收入下降，最终影响到粮食和食品安全；也可使生态系统功能下降，引发更多的环境问题。

■ 防御农业环境灾害主要应该做好哪些工作

农业环境具有以下特点：范围广阔；不稳定性；农业环境质量恶化不易察觉和恢复。做好防御农业环境灾害主要应该做好以下工作：

第一，强化农业环境管理，制定保护和改善农业环境、防止污染和生态破坏的法规，建立健全农业环境管理体制。

第二，积极防治包括乡镇企业在内的各类工矿企业的“三废”污染。

第三，防治农药、化肥污染，积极推广综合防治病虫害技术，大力发展有机肥、复合肥，合理施用化肥，提高化肥的利用率。

第四，加强农业环境监测网建设，做好农业环境质量调查、监测与评价，建立健全有关行业和国家标准。

第五，加强农业环境管理和规划研究，制定有利于农业综合开发的技术经济政策。

第六，加强科技投入，进行理论研究。研究农业环境监测的技术和方法；生态农业与农产品质量研究；系统研究环境污染对农业生产和农业生态系统的影响和污染物在农业生态系统中的迁移、转化、积累、代谢规律；进行农业环境污染的生物防治技术研究；进行农业环境综合防治技术和修复生态工程措施研究，保护、改善农业生态环境，促进农业的可持续发展研究。进行生物安全与生物多样性保护研究。

■ 如何防御沙尘暴

不同的农业环境灾害的防御措施和方法有所不同，下面以沙尘暴为例，说明一下如何防御农业环境灾害：第一，建立健全法律法规，强化执法监督，依法保护环境。加强《防沙治沙法》、《森林法》、《土地法》等普法宣传教育工作，努力提高广大群众环境保护意识。第二，坚持“预防为主、保护优先、防治并重”的生态保护与建设方针，加快防灾抗灾生物工程和技术工程建设步伐，重点搞好风沙防护林、水土保持和生态环境保护等工作。根据不同地区因地制宜制定防灾、抗灾、救灾规划，积极推广各种减灾技术，进一步完善区域综合防御体系。第三，加强防止沙尘暴的生物防护体系建设。加大退耕还林和绿化西北生态环境建设，建立以植树造林为主的生态屏障、以退耕还林为主的生态恢复保护带。如，通过播种、扦插、植苗造林种草固定流沙，通过设置围栏、建立护林站等严禁人畜破坏，封育的同时可以加以人工补植补种和管理，加速生态逆转，逐步恢复天然植被。第四，控制人口增长，减轻人为因素对土地的压力，禁止对自然资源进行长期掠夺式开发，建立有效的防治荒漠化的投资机制和符合现阶段国情的经营机制。加快产业结构调整，按照市场要求合理配置农、林、牧、副各业比例，积极发展养殖业、加工业，分流农村剩余劳动力。优化农牧区能源结构，大力倡导和鼓励人民群众利用非常规能源，如风能、光能，以减轻对林、草地等资源的破坏。第五，建立先进的荒漠化动态监测与预报系统，搞好决策，搞好信息管理与服务。发展节水农业，加强水利建设，扩大灌溉面积，增施肥料，改良土壤。第六，必须深入研究沙尘暴发生、发展机制，完善和改进沙尘暴监测手段，提高沙尘暴的监测预警预报水平，将沙尘暴灾害造成的损失降低到最小程度。中国气象局从 2001 年 3 月 1 日正式开展了全国沙尘暴预警预报服务工作，2002 年成立了第一届全国沙尘暴专家委员会，正努力建成具有现代化水平、覆盖我国沙尘暴发生和严重影响区域的监测预警服务系统，有效地监测预警沙尘暴的发生和发展。

知识点

沙尘暴(sand duststorm)：是沙暴(sandstorm)和尘暴(duststorm) 两者兼有的总称，是指强风把地面大量沙尘物质吹起并卷入空中，使空气特别混浊，水平能见度小于 100 米的严重风沙天气现象。其中沙暴系指大风把大量沙粒吹入近地层所形成的挟沙风暴；尘暴则是大风把大量尘埃及其他细粒物质卷入高空所形成的风暴。沙尘暴是强风将地面大量尘沙吹起，使空气很混浊，水平能见度小于 1 千米的天气现象；强沙尘暴是大风将地面尘沙吹起，使空气模糊不清，浑浊不堪，水平能见度小于 500 米的天气现象。

公众预报标准：(1) 国家级标准：预计未来 24 小时内将有沙尘天气过程发生，且影响范围较大或影响到京津地区时，向社会公众发布沙尘暴警报。预计未来 24 小时内将有沙尘暴或强沙尘暴天气过程发生，并将造成严重影响时，向社会公众发布沙尘暴警报。(2) 省级标准：由各省(自治区、直辖市) 气象局参照国家级标准确定。

■ 农业环境监测的目的和内容是什么

农业环境监测的主要目的是：①对土壤、农用水、农田大气及农作物的例行监测，目的是掌握农业环境质量状况及变化趋势；②对农业环境污染的事故性监测，目的是为污染事故的调查处理提供科学依据；③对农业环境污染源的监视性监测，目的是防止造成农业环境污染，督促对污染源进行治理。

农业环境监测的内容，取决于监测的目的。一般来说，具体的检测项目应根据所在地区已知的或预计可能出现的污染物质和环境的特定情况来决定。农业环境监测的对象主要有以下六个方面：一是农用水质监测，主要是对农田灌溉用水、家畜家禽用水和水产养殖等用水的水质监测，包括：水温、pH、浑浊度、导电率、悬浮物、溶解氧、生化耗氧量、化学耗氧量、总氮、总磷、某些有机毒物、重金属毒物等；二是农田土壤监测，主要对种植粮食作物、蔬菜、水果、纤维作物、糖料作物、油料作物以及农区森林、花卉、药材、草料等的农田土壤的监测，土壤和植物的监测内容包括：有毒的金属化合物、非金属无机物和有机物等；三是农作物、水产品的监测，主要是对水稻、小麦、玉米等粮食作物和水果、蔬菜、菜叶、烟草等经济作物以及水产品的监测，内容包括：重金属、农药、亚硝酸盐、黄曲霉素、有机化合物等；四是大气监测，包括对农田生态系统中大气监测和农村环境的大气监测；五是对危害农业区的工业废水、废渣、废气监测；六是进行大气、土壤、淡水、海洋、作物等环境背景值测定，一般包括降尘、二氧化硫、氮氧化物、氟化物、臭氧、酸性降雨等。

第三章　农村生活与防灾减灾

一、气象灾害与农村生活

（一）暴雨洪水灾害及其防灾减灾

■ 暴雨洪水对农村生活有哪些危害

暴雨洪水灾害是常见的气象灾害之一。我国气象上规定，24 小时降水量为 50 毫米或以上的强降雨称为“暴雨”。此处的暴雨泛指能够造成灾害的大雨。洪水是指由暴雨、急骤融冰化雪、风暴潮等引起的水量迅速增加的水流现象。

由于暴雨多集中在雨季，其发生的频次多，危害大。农村大多数住房、厂房内外地面高度

相关知识

水利工程的防洪作用

水利工程是洪涝灾害防御的重要基础设施，通过修建水库、谷坊、塘坝、截流沟等水利工程，并结合田间工程措施、生物措施、技术措施，拦蓄地表径流，达到涵养水源、控制水土流失、防止洪水暴发，尤其是水库，可以集防洪除涝、灌溉、水产于一体，在防洪的同时，还能创造经济效益。

相差不大，下大雨时积水容易漫进屋里，农村土木结构的房屋在积水的冲刷浸泡下容易垮塌。许多易涝地区的农村缺乏避洪场所，洪水来了只能爬上自家房顶，一旦房屋冲毁，很容易造成人畜伤亡。洪水还会冲毁农田，对池塘渔业造成破坏。洪涝淹没道路，造成交通中断，严重影响农村生活和农产品运输。洪水还会带来许多次生灾害，常引起泥石流和山体滑坡等，一些病毒、病菌会随着洪水的泛滥而发生转移和扩散，对人畜的健康造成危害，洪水淹没的地区也是疫病的重点防治区。

■ 农村如何进行暴雨洪水灾害防灾减灾

1. 注意收听有关的预警预报信息　暴雨预警信号分四级，分别以蓝色、黄色、橙色和红色表示。蓝色信号含义：12 小时内降雨量将达 50 毫米以上，或者已达 50 毫米以上且降雨可能持续。黄色信号含义：6 小时内降雨量将达 50 毫米以上，或者已达 50 毫米以上且降雨可能持续。橙色信号含义：3 小时内降雨量将达 50 毫米以上，或者已达 50 毫米以上且降雨可能持续。红色信号含义：3 小时内降雨量将达 100 毫米以上，或者已达 100 毫米以上且降雨可能持续。

2. 做好暴雨洪水灾害预防准备　加强相关基础设施的建设与维护，做好房屋的防水检查，尤其是雨季到来时，要及时对危险房屋进行维修，做好房屋的导排水工程。灾害来临前，除了配合政府及相关部门做好防灾准备工作外，要做好自身人员和财产的转移工作。切断低洼地带有危险的室外电源，暂停在空旷地方的户外作业等。

3. 做好暴雨洪水灾害的灾后救治　洪涝次生灾害的应急管理。洪水引发堤坝溃决、坍塌和滑坡、泥石流等次生灾害。一般退水期间也是山体滑坡、泥石流和脆弱房屋倒塌的高发期，应该保持高度警惕，注意收听次生灾害的预报，不要过早回屋居住。

洪水过后的防疫与环境整治。加强饮用水的卫生管理，加强对饮用水的质量监测，及时进行水源及供水设施的消毒；加强食品的卫生监督管理，水浸后的粮食容易发霉变质，误食会引起食物中毒，要谨防；加强灾后传染病的防控，强化预防性的干预措施，控制传染源，加强疫情的监测，并提高人群的免疫水平。

政府的职能。灾民的临时安排，除了统一安置之后，还可以采取国家扶持与灾民自救的办法，投亲靠友等。政府要尽快帮灾民重建家园，这一点在我国的许多灾后重建中已有很多先例，尤其要指出的是，灾后重建中，要充分评估该区灾害的特点，以达到再次遭受灾害时减少损失，甚至避免灾害的目的。

（二）冰雹灾害及其防灾减灾

■ 冰雹对农村生活有哪些危害

冰雹常与暴雨相伴发生，一般分为轻雹灾、中雹灾、重雹灾三级。冰雹灾害的特点是，出现的范围相对较小，时间较短，但来势凶猛，常伴有狂风骤雨。雹灾主要危害农业生产，使农作物茎叶和果实遭受损伤，造成农作物减产或绝收。雹灾有时还造成人畜伤亡，并破坏交通、通信、输电等工程设施。

■ 农村如何进行雹灾防灾减灾

1. 注意收听有关的预警预报信息　冰雹预警信号分二级，分别以橙色和红色表示。橙色信号含义：6 小时内可能出现冰雹天气，并可能造成雹灾。红色信号含义：2 小时内出现冰雹可能性极大，并可能造成重雹灾。

2. 注意观察冰雹发生的天气前兆　下冰雹的云是一种发展十

了解政府相关工作

雹灾的防灾减灾是气象部门开展服务的一个重要方面。几十年来，各级气象部门开展的服务工作主要有：①提供本地区冰雹的气候分析服务。②为公众提供冰雹天气的检测和预报服务。③根据相关部门提出的具体要求，提供冰雹的检测和预报的信息服务。④提供避免或减轻冰雹危害对策的咨询服务。⑤开展人工消雹工作。

分强盛的积雨云，而且只有发展特别旺盛的积雨云才可能降冰雹。中国劳动人民在长期与大自然斗争中根据对云中声、光、电现象的仔细观察，在认识冰雹的活动规律方面积累了丰富的经验。素有“拉磨雷，雹一堆”的说法；还观察到冰雹来临前，云内翻腾滚动十分厉害，有些地方把这种现象叫“云打架”。

3. 做好冰雹灾害的预防与应急　冰雹多发季节来临之前应及早加固房屋；妥善安置易受冰雹大风影响的室外物品；冰雹天气不要外出，不在河边久待，不在底层疏松的山体下面久留，不在高大树木下逗留，关好门窗；勿随意出行，避免砸伤；户外作业人员暂停作业，到安全地方暂避；注意防御冰雹天气伴随的雷电灾害。

（三）雪灾及其防灾减灾

■ 雪灾对农村生活有哪些危害

雪灾亦称“白灾”，是因长时间大量积雪造成灾害的现象。

雪灾是中国牧区常发生的一种气象灾害，依靠天然草场放牧的畜牧业地区，如果冬半年降雪量过多，积雪时间长，就会影响畜牧的正常放牧。具体表现在，积雪掩盖草场，牲畜难以扒开雪层吃草，造成饥饿，有时积雪成冰，还易划牲畜的蹄腕，造成冻伤。“白灾”发生时，牲畜死亡明显增多。同时，雪灾还严重影响交通、通讯、输电线路等生命线工程，对人民的生命安全和生活造成威胁。

■ **农村如何进行雪灾防灾减灾**

1. 注意收听有关的预警预报信息　暴雪预警信号分四级，分别以蓝色、黄色、橙色和红色表示。蓝色信号含义：12 小时内降雪量将达 4 毫米以上，或者已达 4 毫米以上且降雪持续，可能对交通或者农牧业有影响。黄色信号含义：12 小时内降雪量将达 6 毫米以上，或者已达 6 毫米以上且降雪持续，可能对交通或者农牧业有影响。橙色信号含义：6 小时内降雪量将达 10 毫米以上，或者已达 10 毫米以上且降雪持续，可能或者已经对交通或者农牧业有较大影响。红色信号含义：6 小时内降雪量将达 15 毫米以上，或者已达 15 毫米以上且降雪持续，可能或者已经对交通或者农牧业有较大影响。

2. 加强雪灾的预防　雪灾来临，要做好人畜的防寒防冻准备；加固棚架等易被雪压的临时搭建物；农牧区和种养殖业要储备饲料；老、弱、病、幼人群尽量不要外出；司机要小心驾驶，行人骑车要当心路滑跌倒，车辆应当采取防滑措施，必要时封闭交通道路。

政府及有关部门要做好防雪灾和防冻害准备工作；交通、铁路、电力、通信等部门应当进行道路、铁路、线路巡查维护，做好道路清扫和积雪融化工作；做好灾区的救灾救济工作。

（四）雷电灾害及其防灾减灾

■ 雷电对农村生活有哪些危害

雷击具有极大的破坏力，其破坏作用是综合的，包括电性质、热性质和机械性质。

由于防雷设施贫乏，加上农民缺乏防雷意识，我国农村经常发生雷击事故。雷电直击建筑物，从而损坏建筑物及室内设施；雷电放电时在附近导体上产生的静电感应和电磁感应会使金属部件之间产生火花，对电气设备造成损坏，对室内人员的安全造成威胁；雷电对农村供电和通信设备的危害很大，农村的高压线塔和通信线塔往往穿过山区，有时还越过山顶或沿山梁架设，很容易遭受雷击；许多农户把电视天线架设在屋顶，雷电极易与金属接收天线接闪，造成室内电视及其他设施的损毁，电话线路多由电杆架空支撑引入，亦存在类似的问题；雷电波入侵可毁坏电气设备的绝缘，使高压窜入低压，造成严重的触电事故，闪电碰到人畜会造成严重的烧伤和死亡事故；雷电还是森林火灾最主要的自然原因。

■ 农村如何进行雷电灾害防灾减灾

1. 注意收听有关的预警预报信息　雷电预警信

号分三级，分别以黄色、橙色和红色表示。黄色信号含义：6小时内可能发生雷电活动，可能会造成雷电灾害事故。橙色信号含义：2小时内发生雷电活动的可能性很大，或者已经受雷电活动影响，且可能持续，出现雷电灾害事故的可能性比较大。红色信号含义：2小时内发生雷电活动的可能性非常大，或者已经有强烈的雷电活动发生，且可能持续，出现雷电灾害事故的可能性非常大。

2. 加强雷电灾害的预防　在建房过程中应进行一些防雷设计，包括基础施工阶段应有一些防雷装置将雷电引到地下，房屋应有屏蔽措施，楼板的钢筋应该布成方格形，以利于雷电的快速分散释放；在房顶上安装铁皮水箱、太阳能热水器，架设天线等，应该有接地避雷装置；畜舍应避开电线杆或大树，大的畜舍安装避雷装置；灾害来临前有所准备，如关好门窗，室外天线与电视机脱离并与接地线连接等。

3. 雷电灾害野外安全须知　总的原则：人体的位置应尽量降低，以减少直接雷击的危险；人体与地面的接触部分要尽量靠近，如双脚要并拢，以减少“跨步电压”。

如果身处树木、楼房等高大物体，应马上离开，如果来不及离开，应该找些干燥的绝缘物放在地下，坐在上面，或采用下蹲的避雷姿势，注意双脚并拢。

双手合拢切勿放在地面上。千万不可躺下，这时虽然高度降低了，却增大了“跨步电压”的危险。水能导电，所以潮湿的物体并不绝缘。

雷雨时如果身在空旷的地方，应该马上蹲在地上，这样可减少遭雷击的危险。不要用手撑地，这样会扩大身体与地面接触的范围，增加遭雷击的危险。双手抱膝，胸口紧贴膝盖，尽量低头，因为头部最易遭雷击。

如正在驾车，应留在车内。车壳是金属的，因屏蔽作用，就算闪电击中汽车，也不会伤人，因此，车厢是躲避雷击的理想地方。

不要在山洞口、大石下或悬岩下躲避雷雨；不要在大树底下避雨，不要触摸树的枝干；不要在水体和洼地旁边停留，切勿从事游泳和其他水上运动，也不宜在室外打球；远离金属物体，不要拿着带金属杆的雨伞或其他金属制品在雷雨中，不要将锄头等用具扛在肩上，随身所带金属物品应暂时放在 5 米以外处，等雷电活动停止后在拾回；不要在户外接听和拨打手机；不要接近或触摸防雷接地线、自来水管等可能因雷击而带电的物体；雷暴天气出门最好穿胶鞋，以起到绝缘的作用；切勿站立于山顶、楼顶等接近导电性高的物体；雷雨时不宜在野外骑摩托车和自行车，千万不要将头或手伸出窗外；避免靠近易燃易爆危险品等；在室内亦避免靠近暖气